通信电子线路实践教程

侯长波　宫　芳　编　著
阳昌汉　主　审

哈尔滨工程大学出版社

内容简介

"通信电子线路"是电子信息类专业一门重要的专业基础课程,具有很强的理论性、工程性及实践性特点。本书以能力培养为主线,注重项目研究思维和方法的培养,在内容和体系上重在引导学生更深刻地理解理论课所讲授的内容,同时掌握仪器的使用方法;也注重培养学生的系统概念和设计能力,通过课程设计培养学生系统电路的设计、调试技能,增强学生的工程实践能力,提高分析问题和解决问题的能力。

本书内容强调工程应用,与工业技术结合,具有较强的实用性,可激发学生的学习兴趣,充分调动学生的实验积极性及创新精神。

本书适用于电子信息类专业本科生和相关专业的自学者。

图书在版编目(CIP)数据

通信电子线路实践教程/侯长波,宫芳编著. 一哈尔滨 : 哈尔滨工程大学出版社,2017.8(2019.1 重印)
ISBN 978 - 7 - 5661 - 1675 - 8

Ⅰ. ①通… Ⅱ. ①侯… ②宫… Ⅲ. ①通信系统 – 电子电路 – 高等学校 – 教材 Ⅳ. ①TN91

中国版本图书馆 CIP 数据核字(2017)第 219600 号

选题策划 付梦婷
责任编辑 张忠远 付梦婷
封面设计 博鑫设计

出版发行 哈尔滨工程大学出版社
社　　址 哈尔滨市南岗区南通大街 145 号
邮政编码 150001
发行电话 0451 – 82519328
传　　真 0451 – 82519699
经　　销 新华书店
印　　刷 黑龙江龙江传媒有限责任公司
开　　本 787 mm ×960 mm 1/16
印　　张 9.5
字　　数 207 千字
版　　次 2017 年 8 月第 1 版
印　　次 2019 年 1 月第 2 次印刷
定　　价 25.00 元
http://www.hrbeupress.com
E-mail:heupress@ hrbeu.edu.cn

前 言 PREFACE

"通信电子线路"是电子信息类专业一门重要的专业基础课程,具有很强的理论性、工程性及实践性特点。本书是根据"通信电子线路实验课程"教学大纲的基本要求,在总结实验教学、科研项目经验及当前教学改革和教学体系建设的要求下编写而成的。本书以能力培养为主线,注重项目研究思维和方法的培养,在内容和体系上有以下特点。

1. 根据实验对人才培养的定位梳理课程思路

本书的基础实验重在引导学生进行研究性实验,通过基础实验使学生掌握基本单元电路的设计、制作与测试的方法,更深刻理解理论课所讲授的内容,同时掌握仪器的使用;综合设计类实验注重培养学生的系统概念和设计能力,通过课程设计培养学生系统电路的设计、调试技能,增强学生的工程实践能力,提高分析问题和解决问题的能力。

2. 实验内容及要求循序渐进

本书内容由单元电路到系统电路,再延伸至电子设计竞赛实例项目,由基本技能训练到综合能力的培养,符合学生的学习和认知规律。针对综合设计性实验,实验难度分级,学生自主选择。通过难度分级,打破所有学生同一培养模式的僵局,利用为不同层次学生量身打造的不同的教学内容,调动起每个学生参与实验的积极性。"实验分级化"不但为能力较强的学生提供了进一步发展的空间,同时也对学生起到了较强的激励作用,更为学生自主学习打下良好基础。

3. 本书内容注重项目研究思维和方法的培养

本书基本思想为在"项目式"技术指标要求下,用理论知识指导设计原理图和元件参数,采用 EDA 仿真论证设计的合理性,最后硬件实现及测试技术指标,与理论对照分析实验结果,进一步研究如何提高技术指标。

4. 本书内容强调工程应用

课程与工业技术结合,具有较强的实用性,可激发学生的学习兴趣,充分调动学生的实验积极性及创新精神。

本书共分 5 章,参考实验学时为 32 学时,建议分为基础实验和课程设计两部分。

第 1 章为通信电子线路实验基础知识,主要内容包括通信电子线路实验内容、实验方法,以及实验会用到的基本元件。

第 2 章为通信电子线路常用仪器使用方法,主要内容包括通信电子线路实验用到的直流稳压电源、信号源、示波器、扫频仪、高频 Q 表的原理及使用方法。

第 3 章为通信电子线路基础实验。本章从实验目的、实验原理及电路、实验器材、实验内容及要求、实验步骤、实验预习要求、实验报告要求等方面论述了小信号谐振放大器、丙类功率放大器、LC 振荡器及晶体振荡器、振幅调制与解调电路、频率调制与解调电路、锁相环电路六个基础实验。

第 4 章为通信电子线路综合设计实验,包含调幅发射系统的设计、调幅接收系统的设计、调频发射系统的设计、调频接收系统的设计。综合设计项目都提出了明确的技术指标要求,实验内容基本涵盖了理论知识。

第 5 章为通信电子线路 Multisim 仿真实验,引入 Multisim 电路仿真软件的使用方法,并通过几个典型的通信电路实例熟悉软件的使用,为后续实验奠定基础。

致谢

编著者
2017 年 7 月

目　　录

第1章　通信电子线路实验基础知识 ······················· 1

  1.1　通信电子线路实验方法 ······················· 1

  1.2　通信电子线路实验基本元件 ·················· 4

第2章　通信电子线路实验常用仪器的使用方法 ·········· 13

  2.1　直流稳压电源 DP832 的使用方法 ············ 13

  2.2　数字存储示波器 DS1104Z 的使用方法 ······· 19

  2.3　函数/任意波形发生器 DG4102 的使用方法 ····· 29

  2.4　扫频仪 SP30120 的使用方法 ················ 42

  2.5　高频 Q 表 QBG‑3D 的使用方法 ············· 51

第3章　通信电子线路基础实验 ························· 55

  3.1　小信号谐振放大器的设计 ··················· 55

  3.2　丙类功率放大器的设计 ····················· 62

  3.3　LC 振荡器与晶体振荡器的设计 ············· 67

  3.4　振幅调制与解调电路的研究 ················· 77

第4章　通信电子线路综合设计实验 ···················· 87

  4.1　调幅发射系统的设计 ······················· 87

  4.2　调幅接收系统的设计 ······················· 94

  4.3　调频发射系统的设计 ······················ 101

  4.4　调频接收系统的设计 ······················ 106

第5章　通信电子线路 Multisim 仿真实验 ·············· 112

  5.1　小信号谐振放大器仿真实验 ················ 112

  5.2　丙类功率放大器仿真实验 ·················· 117

  5.3　高频正弦波振荡器仿真实验 ················ 122

  5.4　模拟乘法器实现振幅调制仿真实验 ·········· 128

  5.5　包络检波器仿真实验 ······················ 134

5.6 变容二极管实现频率调制仿真实验 ················· 138

附录 A 调幅发射系统总体原理图 ················· 142

附录 B 调幅接收系统总体原理图 ················· 143

附录 C 调频发射系统总体原理图 ················· 144

附录 D 调频接收系统总体原理图 ················· 145

参考文献 ················· 146

第1章 通信电子线路实验基础知识

1.1 通信电子线路实验方法

1.1.1 通信电子线路实验的一般过程

通信电子线路是一门具有工程特点和实践性很强的课程,它的实验是对学生进行专业技能训练,提高学生的工程实践能力的一个重要的教学环节。为了每个实验都能达到预期效果,教学时要求参加实验者做到实验前认真预习、实验中遵守实验操作规则和实验结束后认真撰写实验报告进行总结。

1. 实验前的预习

为了避免盲目性,使实验过程有条不紊地进行,实验者在每个实验前都要仔细阅读实验教程,复习有关理论,理解实验原理,明确实验目的、内容和要求,设计电路和元件参数,撰写实验预习报告。预习报告内容包括:

(1)实验题目;

(2)实验原理及电路;

(3)实验内容及要求;

(4)电路参数设计,即根据实验技术指标进行电路参数设计和仿真;

(5)实验步骤及测试数据;

(6)预习思考题。

2. 实验操作细则

上好实验课并严格遵守实验操作规则,是提高实验效果、保证实验质量的重要前提。因此实验者必须做到以下六点:

(1)实验课必须认真听讲,做好记录,明确实验过程及要求,针对实验教师强调的问题要特别注意。

(2)进入指定实验位置后,检查实验所需的元器件、仪器仪表、测试线等是否齐全。

(3)实验电路的焊接要严格按照设计报告的电路参数进行,注意元器件的正负极。

(4)实验电路上电前,实验者必须先调整好直流电源,使其电压大小符合要求,然后按极性连接电源。上电后要观察电源电流和电路板是否有异常,如有异常应马上关闭电源检查问题。

(5)实验过程中应及时分析所测数据和观察到的各种波形是否合理,如有问题及时找出原因。实验过程中,实验者应注意理论联系实际,认真思考和分析,不断提高独立工作能力。

(6)实验结束后先切断电源,然后将实验结果交实验教师审查同意后才可拆除实验电路,整理好元器件、仪器设备及实验现场,经实验教师同意方可离开实验室。

3.实验报告的撰写

实验报告是对实验工作的总结,也是实验课的继续和提高,通过撰写实验报告,可以培养学生分析综合问题的能力。实验报告的内容及要求如下:

(1)实验数据处理

主要是对实验过程中的数据进行处理和计算电路技术指标,如绘制幅频特性曲线等。

(2)实验结果分析

①根据实验所得数据,对比实验技术指标要求和理论设计指标进行分析,论述实验技术指标是否达到设计要求,如果未达到,是由什么原因引起的;如果和理论有差距,又是由什么原因引起的。

②论述由实验数据得出什么结论,证实了什么理论。

(3)实验总结

对整个实验进行总结。

1.1.2 通信电子线路实验的基本方法

通信电子线路实验一般可按以下步骤进行。

1.焊接及检查电路

焊接电路应注意以下三点:

(1)电路焊接过程中,一定要注意按照设计的电路焊接正确的参数,对于极性电容要注意方向,对于色环电阻一定要用万用表测试确定阻值;

(2)焊接连线要尽可能短,焊接测试线应尽可能粗;

(3)焊接完成后一定要用斜口钳剪断元器件长的引脚,避免短路。

在连接完实验电路后,不要急于接通电源,要认真检查。检查的内容包括以下两点:

（1）用数字万用表的短路挡检查电源的正、负极、地线是否存在短路；

（2）检查焊接是否存在断路或短路，用数字万用表的短路挡对照电路连接逐点测量，在电路图中应该连接的点是否都是通的，有电阻的两点之间的电阻是否存在等。

2．通电调试

调试包括静态调试与动态调试两部分。在调试前，应先观察电路有无异常现象，包括有无冒烟，是否有异常气味，用手摸摸元器件是否发烫，用万用表测试电源是否有短路现象等。如果出现异常情况，应该立即切断电源，排除故障后再加电。

（1）静态调试

静态调试是指在不加入输入信号的条件下所进行的直流测量和调整，例如测量和调整放大电路的直流工作点。

（2）动态调试

动态调试是以静态调试为基础的。通常是在静态调试完成后，给电路输入端加入一定频率和幅度的信号，用示波器观察输出端信号，再用仪器测试电路的各项指标是否符合实验要求。

在进行比较复杂的系统性实验的调试时，应该焊接一级电路，调试一级，调试中包括静态调试和动态调试；正确后再将上一级电路的输出加至下一级电路的输入，接着调试下一级电路，这样直到最后一级。如果每一级的结果都正确，最后应该能够得到正确的结果。这样做，可以解决电路一次性连接起来由于导线过多，调试起来比较困难的问题，不但节省时间，还可以减少许多麻烦。

3．故障查找与排除

实验中，出现故障是难以避免的事，关键是实验者要通过解决故障锻炼自己解决问题的方法和思路，进而提高实验技能。解决故障首先需要实验者对实验原理有清楚的认识，并对电路中各点信号波形有一定认识，这样才能通过测试的信号来判定问题所在。其次，要注意一些通用的方法，一般按下列步骤进行。

（1）不通电检查线路

首先对照电路原理图，用万用表短路挡检查电路中应该连接的点是否连通，是否有断路，有无接触不良，元器件有无用错，极性有没有接反，芯片有没有插错等。

（2）通电检查

用万用表电压挡将电源电压测量准确后，将其加至电路中，首先测量电源到地的电压是否正确。如果是集成电路，直接测量引脚上的正、负电源是否正确，然后再测量电路的静态工作点。当测量值与正确值相差较大时，需排查问题后方能进行动态调试。这一步在实际操作时要特别注意，只有在静态工作点正确的基础上调试动态特性才有意义，否则就是盲目实验。

（3）动态检查

将电路接入规定的输入信号，然后借助于示波器等观察电路的输入、输出信号波形，以判断电路工作是否正确。由信号流向逐级调试电路，逐级观察信号的波形及幅值的变化情况，如果哪一级出现异常，则故障就出现在这一级。此外，也可以由后级到前级，逐级检查。在特定情况下，以断开后级，观察该级输出信号波形和幅值的变化来查找故障，以起到缩小故障范围的作用。

（4）在进行故障检查时，也需注意测量仪器所引起的故障

例如，示波器探头、信号源连接线、电源连接线都是每次使用需要检查的；示波器探头和开路电缆对电路指标的影响；仪器输入阻抗对电路的影响等。

1.2　通信电子线路实验基本元件

1.2.1　电阻

在实验中常用到的电阻器有固定电阻和电位器，按照材料分，常见的固定电阻有碳膜电阻、金属膜电阻、合成膜电阻、氧化膜电阻、实心电阻、金属线绕电阻和特殊电阻。常见的电位器分为薄膜型电位器、合成型电位器、合金型电位器及线绕电位器。

1. 固定电阻

不同材料制作的电阻有其相对应的特点，具体如表 1.1 所示。

表 1.1　固定电阻特点分析表

电阻类型	特性	实物图片
碳膜电阻	气态碳氢化合物在高温和真空中分解，碳沉积在瓷棒或者瓷管上，形成一层结晶碳膜。改变碳膜厚度和用刻槽的方法变更碳膜的长度，可以得到不同的阻值。 ①具有良好的稳定性，电压的变化对阻值的影响较小； ②高频特性好，可制成高频电阻器和超高频电阻器	

表1.1(续)

电阻类型	特性	实物图片
金属膜电阻	在真空中加热合金,合金蒸发,使瓷棒表面形成一层导电金属膜。刻槽和改变金属膜厚度可以控制阻值。 ①耐热性好; ②电压稳定性好,温度系数小; ③工作频率范围宽,可在高频电路中使用; ④体积小,相同功率下,为碳膜电阻的一半	
合成膜电阻	以炭黑作为导电材料,以有机树脂为黏合剂混合制成的导电悬浮液,均匀覆在陶瓷绝缘基体上,经过加热聚合制成。 ①阻值比较高,工艺简单; ②电压稳定性差、频率特性不好、噪声大	
有机实心电阻	将炭黑、石墨等导电物质和填料、有机黏合剂混合成料粉,经专业的设备热压成形后装入塑料壳内制成。 ①机械强度高、可靠性好; ②固有噪声大,分布电容和分布电感严重,不适用于高频电路; ③电压和温度稳定性差,不适用于性能要求较高的电路; ④阻值范围宽	
线绕电阻	用康铜或者镍铬合金电阻丝,在陶瓷骨架上绕制成。这种电阻分固定和可变两种。它的特点是工作稳定,耐热性能好,误差范围小,适用于大功率的场合	

1.2.2 电位器

表1.2列出了常用电位器的主要特点,供电路设计中选择电位器时参考。

表1.2 常见电位器

电位器类型	特性	实物图片
金属膜电位器	①电阻温度系数小,耐热性好; ②分布参数小,高频特性好; ③阻值范围小,接触电阻大; ④用于100 MHz以下电路	
合成碳膜电位器	①分辨力高; ②阻值范围宽,但是功率不大; ③常用于直流及交流电路	
金属玻璃釉电位器	①分布参数小,高频特性好; ②阻值范围宽、寿命长; ③接触电阻变化大,电噪声大; ④适用于高阻、高压及射频电路	
线绕电位器	①温度稳定性好,耐热性好; ②能承受较大功率; ③精度高,但是分辨率低; ④电阻体具有分布电容和分布电感,高频特性差; ⑤用于高精度及高功率电路	

1.2.3 电容

电容作为电路中的常用元件,其最基本的结构是由两个相互靠近的金属板中间夹一层绝缘介质组成。常用的电容有云母电容、瓷介电容、铝电解电容、钽电解电容、微调电容等。具体特性如表1.3所示。

表1.3 常见电容

电容类型	特性	实物图片
云母电容	①稳定性好,可靠性高,可以制成高精度电容; ②固有电感小,频率特性稳定,是性能优良的高频电容器; ③介质损耗小,绝缘电阻高,但是价格较贵	
瓷介电容	①由于介质材料为陶瓷,所以耐热性能好,不容易老化; ②绝缘性能好,可制成高压电容器; ③低频陶瓷材料的介电常数大,所以低频瓷介电容体积小、容量大; ④高频陶瓷材料的损耗角正切值与频率关系小,在高频时可选用高频瓷介电容器	
铝电解电容	①单位体积电容量大,有极性; ②较大的介电常数; ③电容误差大,损耗大,漏电流大,容量和损耗会随着温度变化而变化; ④适合在直流和脉动电流中作整流、滤波和旁路使用	

表 1.3(续)

电容类型	特性	实物图片
钽电解电容	①电容量大,有极性,寿命长; ②较大的介电常数; ③绝缘电阻大,损耗小,漏电流小,频率特性好; ④主要使用于铝电解电容性能参数不能满足的场合	
微调电容	①电容量小,无极性; ②常用于电路中作为补偿电容或者校正电容	

1.2.4　电感

电感元件一般是由导线绕成的空心线圈或者带铁芯的线圈制成。按照其结构特点,可以分为贴片电感(分叠层、绕线两种)、功率电感、色码电感、磁芯电感等。具体的特性如表 1.4 所示。

表 1.4　常见电感

电感类型	特性	实物图片
贴片叠层电感	①尺寸小、电感值范围大; ②受到的电磁干扰小; ③耐高温、高可靠度	

表 1.4（续）

电感类型	特性	实物图片
贴片绕线电感	①尺寸小、电感值范围大； ②受到的电磁干扰小； ③耐高温、高可靠度； ④在高频时低直流阻值和高 Q 值	
功率电感	①低直流阻抗，可通过大电流； ②体积较小； ③高能量存储； ④常用于扼流、滤波电路中	
色码电感	①结构坚固； ②高 Q 值和自共振频率； ③外层用环氧树脂处理，可靠度高； ④电感范围大，可自动插件	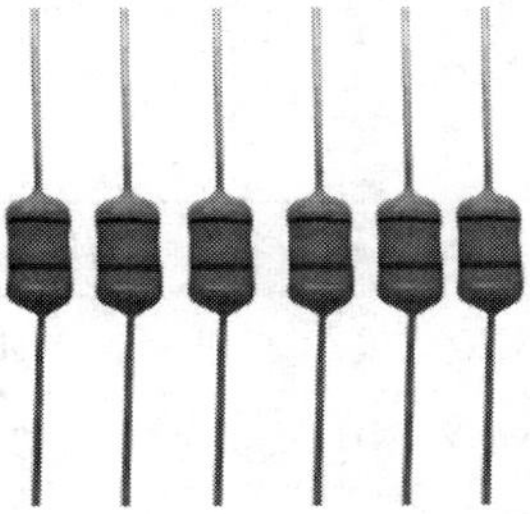
磁芯电感	①高互感量； ②存在高频磁滞损耗； ③极高的 Q 值； ④常用于高频电路、LC 振荡电路、开关电源中	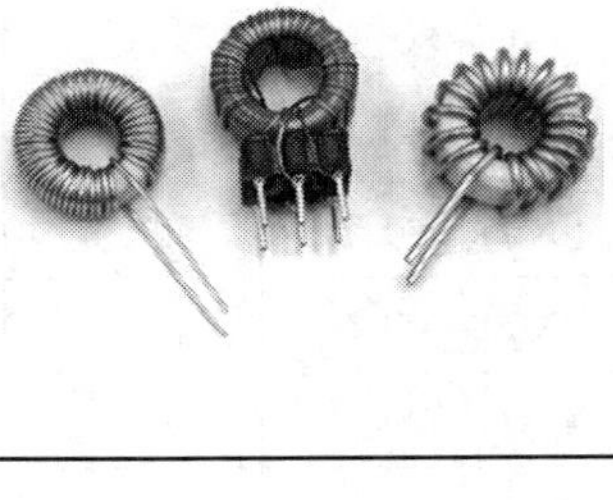

1.2.5 磁环、中频变压器

1. 磁环

磁环是电子电路中常用的抗干扰元件,对于高频噪声有很好的抑制作用,一般使用铁氧体材料制成。磁环在不同的频率下有不同的阻抗特性,一般在低频时阻抗很小,当信号频率升高时磁环表现的阻抗急剧升高。常见的磁环如图1.1所示。

图 1.1　磁环

常用镍锌材料的磁环参数如表1.5所示。

表 1.5　常用磁环参数表

材料	饱和磁通量	剩余磁通密度	工作频率/MHz
NXO – 10	300	100	150
NXO – 20	200	120	50
NXO – 40	290	90	40
NXO – 60	390	270	25
NXO – 80	300	120	30
NXO – 100	330	220	15
NXO – 200	240	145	3
NXO – 400	320	170	3
NXO – 600	310	150	2
NXO – 1000	300	130	1.5

2. 中频变压器

中频变压器一般由磁芯、线圈、底座、支架、磁帽以及屏蔽罩构成。由于使用磁芯和磁帽构成的闭合磁路,使得变压器具有高 Q 值和小体积的特点。常用的变压器的工作频率为 465 kHz,用谐振回路作为负载,采用 LC 并联谐振方法,使得回路在谐振时阻抗最大。常用的中频变压器如图 1.2 所示。

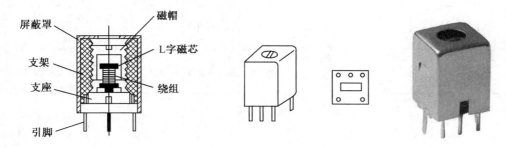

图 1.2　中频变压器

一些常用中频变压器的主要特征参数如表 1.6 所示。

表 1.6　常用中频变压器的特征参数

型号	色标	空载 Q 值	频率调节 范围/kHz	通频带 /kHz	电压传 输系数	谐振电 容/pF	初级匝数	次级匝数
TTF - 2 - 1	白	≥80	465 ± 10	≥6.5	5 ~ 7	200	3 ~ 1 = 162 3 ~ 2 = 45	4 ~ 6 = 7
TTF - 2 - 2	红			≥8	4 ~ 5	200	4 ~ 6 = 10	
TTF - g - 9	绿			≥11.5	1.7 ~ 2.2	200	3 ~ 1 = 162 3 ~ 2 = 48	4 ~ 6 = 25
TTF - 2 - 7	白			≥5.5	6 ~ 8.5	330	3 ~ 1 = 120 3 ~ 2 = 50	——
TTF - 2 - 8	黄			≥5.5	6 ~ 8.5	330	3 ~ 1 = 124 3 ~ 2 = 50	——
MTF - 2 - 1	白			≥7	6 ~ 8.5	1000	3 ~ 1 = 73	4 ~ 6 = 1
MTF - 2 - 2	红			≥7	6 ~ 8.5	1000	1 ~ 6 = 61	4 ~ 3 = 13

表 1.6（续）

型号	色标	空载 Q 值	频率调节范围/kHz	通频带/kHz	电压传输系数	谐振电容/pF	初级匝数	次级匝数
TTF－1－1	白	≥55		≥7.5	3.4～4.4	140	3～5＝220 4～5＝49	1～2＝13
TTF－1－2	红				4.8～6		3～5＝220 4～5＝48	1～2＝9
TTF－1－3	绿			≥6.5	2.1～2.6		3～5＝220 4～5＝33	1～2＝14
TF7－01	黄	80±15%		—	—	140	1～3＝220 2～3＝46	4～6＝9
TF7－02	白						1～3＝220 2～3＝42	4～6＝11
TF7－03	黑						1～3＝220 2～3＝50	4～6＝25

第2章 通信电子线路实验常用仪器的使用方法

2.1 直流稳压电源 DP832 的使用方法

2.1.1 直流稳压电源 DP832 介绍

DP823 是一款高性能的可编程线性直流电源。DP823 系列拥有清晰的用户界面,优异的性能指标,多种分析功能,多种通信接口,可满足多样化的测试需求。

1. 主要特点

(1)人性化的设计

①具有 3.5 英寸的 TFT 显示屏,可同时显示多个参数和状态。

②具有波形显示功能,能够实时动态地显示输出电压/电流波形,配合数字显示的电压、电流和功率值,使用户对仪器的输出状态和趋势一目了然。

(2)多重安全保护

①提供过压/过流保护功能,可以灵活设置过压和过流参数,对负载实现有效保护。

②具有键盘锁功能,防止误操作。

(3)丰富的功能,优异的性能

①提供多通道输出,总输出功率高达 200 W,且各通道输出单独可控。

②具有优异的负载调节率和线性调节率;具有超低的输出纹波和噪声。

③具有跟踪功能,支持通道电压设置值和输出开关状态跟踪。

2. 主要技术指标

主要技术指标如表 2.1 所示。

表 2.1　DP832 主要技术指标

技术指标	CH1	CH2	CH3
直流电压输出范围	0 ~ 30 V		0 ~ 5 V
直流电流输出范围	0 ~ 3 A		
过压保护范围	10 mV ~ 33 V		10 mV ~ 5.5 V
过流保护范围	1m A ~ 3.3 A		
负载调节率 ± （输出百分比 + 偏置）	电压：< 0.01% + 2 mV 电流：< 0.01% + 250 μA		
线性调节率 ± （输出百分比 + 偏置）	电压：< 0.01% + 2 mV 电流：< 0.01% + 250 μA		
纹波和噪声 （20 Hz ~ 20 MHz）	常模电压：< 350 μV(rms)/2 mV(pp) 常模电流：< 2 mA(rms)		
电压稳定性 ± （输出百分比 + 偏置）	0.02% + 2 mV		0.01% + 1 mV
温度系数 per ℃ ± （输出百分比 + 偏置）	0.01% + 5 mV		0.01% + 2 mV
瞬态响应时间	输出电流从满载到半载，或从半载到满载，输出电压恢复到 15 mV 之内的时间小于 50 μs		

2.1.2　直流稳压电源 DP832 快速入门

DP832 前面板布局如图 2.1 所示，与图中编号对应的部分作用如下文所示。

1. LCD 显示屏

3.5 英寸的 TFT 显示屏，用于显示系统参数设置、系统输出状态、菜单选项以及提示信息等。

2. 通道选择与输出开关

⬚⬚⬚ 按下 1(或 2,3) 键，可选择通道 1(或 2,3) 并设置该通道的电压、电流、过压/过流保护等参数。

⬚ 按该键，可打开或关闭对应通道的输出。

⬚ 按该键，可打开或关闭所有通道的输出。

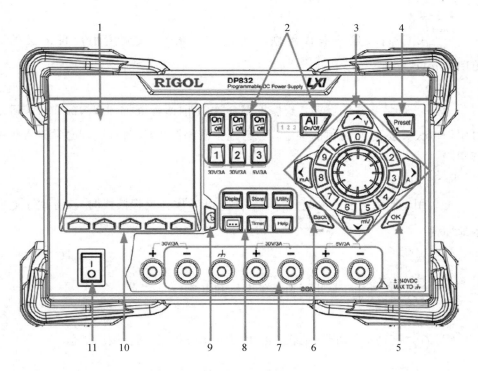

图 2.1 DP832 前面板图

3. 参数输入区

参数输入区包含方向键（单位选择键）、数字键盘和旋钮。

（1）方向键和单位选择键

方向键：可以移动光标位置。

单位选择键：使用数字键盘输入参数时，可输入电压单位为 V 和 mV，可输入电流单位为 A 和 mA。

（2）数字键盘

圆环式数字键盘：包括数字 0 ~ 9 和小数点，按下对应的按键，可直接输入数字。

（3）旋钮

设置参数时，旋转旋钮可以增大或减小光标所在位的数值。浏览设置对象（定时参数、延时参数、文件名输入等）时，旋转旋钮可快速移动光标位置。

4. Preset

用于将仪器所有设置恢复为出厂默认值,或调用用户自定义的通道电压/电流配置。

5. OK

用于确认参数的设置。长按该键,可锁定前面板按键,此时,前面板按键不可用。再次长按该键,可解除锁定。当键盘锁密码打开时,解锁过程必须输入正确的密码。

6. Back

用于删除当前光标前的字符。当仪器工作在远程模式时,该键用于返回本地模式。

7. 输出端子

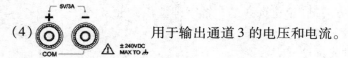

(1) 用于输出通道 1 的电压和电流。

(2) 该端子与机壳、地线(电源线接地端)相连,处于接地状态。

(3) 用于输出通道 2 的电压和电流。

(4) 用于输出通道 3 的电压和电流。

8. 功能菜单区

Display 按下该键进入显示参数设置界面,可设置屏幕的亮度、对比度、颜色亮度和显示模式等参数。此外,还可以自定义开机界面。

Store 按下该键进入文件存储与调用界面,可进行文件的保存、读取、删除、复制和粘贴等操作。存储的文件类型包括状态文件、录制文件、定时文件、延时文件和位图文件。仪器支持内外部存储与调用。

Utility 按下该键进入系统辅助功能设置界面,可设置远程接口参数、系统参数、打印参数等。此外,您还可以校准仪器、查看系统信息、定义 Preset 键的调用配置、安装选件等。

按该键进入高级功能设置界面,可设置录制器、分析器(选件)、监测器(选件)和触发器(选件)的相关参数。

按下该键进入定时器与延时器界面,可设置定时器和延时器的相关参数以及打开和关闭定时器和延时器功能。

按下该键打开内置帮助系统,按下需要获得帮助的按键,可获取相应的帮助信息。

9. 显示模式切换/返回主界面

可以在当前显示模式和表盘模式之间进行切换。

此外,当仪器处于各功能界面时(Timer、Display、Store、Utility 下的任一界面),按下该键可退出功能界面并返回主界面。

10. 菜单键

菜单键与其上方的菜单一一对应,按下任一菜单键选择相应菜单。

11. 电源开关键

可打开或关闭仪器。

2.1.3　直流稳压电源 DP832 使用实例

1. 产生 +12 V 的直流电压输出

(1) 操作步骤

操作步骤如下:

①利用电源开关键,打开仪器;

②按下"通道选择与输出开关区"的"1"键,对 CH1 通道进行设置;

③按下"菜单键区"对应"电压"的菜单键,对电压进行设置;

④利用"参数输入区"的"数字键盘"输入"1""2","方向键和单位选择键"输入"V";

⑤按下"通道选择与输出开关区"CH1 通道对应的"ON/OFF"键。

(2) 操作结果 +12 V 的直流电压

CH1 通道输出的直流电压为 +12 V。

2.产生 +12 V 与 −8 V 的直流电压输出

(1)操作步骤

操作步骤如下：

①利用电源开关键,打开仪器;

②将"输出端子"的 CH1 通道的"−"极、"接地"端和 CH2 通道的"+"极,利用导线连接到一块,此时连接在一起的三个端为"参考地",即零电势参考点,具体连接方法如图 2.2 所示;

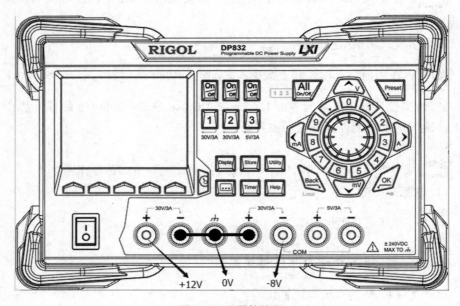

图 2.2　配置接线图

③按下"通道选择与输出开关区"的"1"键,对 CH1 通道进行设置;

④按下"菜单键区"对应"电压"的菜单键,对电压进行设置;

⑤利用"参数输入区"的"数字键盘"输入"1""2","方向键和单位选择键"输入"V";

⑥按下"通道选择与输出开关区"的"2"键,对 CH2 通道进行设置;

⑦按下"菜单键区"对应"电压"的菜单键,对电压进行设置;

⑧利用"参数输入区"的"数字键盘"输入"8","方向键和单位选择键"输入"V";

⑨分别按下"通道选择与输出开关区"CH1 与 CH2 通道对应的"ON/OFF"键。

（2）操作结果

CH1 通道"＋"输出端子与参考地之间直流电压为＋12 V,CH2 通道"－"输出端子与参考地之间直流电压为－8 V。

3. 常见问题

（1）将直流电压连接到电路板时,电压显示值开始迅速往下降,电流值一直上升,并且电源自动关闭通道的输出。

有两种产生该现象的原因:一是电路板的正负极之间短路,可用万用表通断挡测量;二是电源的限流保护打开且限流范围小于工作电流范围（在排除第一种可能的情况下）。可根据电路功率大概推算出最大工作电流,修改限流范围,或者将限流保护功能关闭。

（2）在设置＋12 V 与－8 V 的直流电压输出时,设置一个通道电压值,则另一个通道的电压值也会和此通道时刻保持一致。

可能原因及解决方法:产生该现象的原因是仪器的"跟踪"功能打开,使两个通道的电压时刻保持一致。按下跟踪功能对应的"菜单键",将"跟踪"功能关闭。

（3）利用 CH1 和 CH3 构建 ± 电源（即双电源）时,设置好参数后,打开通道输出时,仪器显示过流保护,自动关闭通道电压输出。

可能原因与解决方法:仪器设计中 CH1 与 CH3 的"－"极已经连接在一起,再将 CH1 的"－"极与 CH3"＋"极连接在一起时,相当于 CH3 的"＋"极与"－"级短接在一起,所以无法利用 CH1 与 CH3 产生双电源,可以利用 CH1 与 CH2 产生双电源。

2.2　数字存储示波器 DS1104Z 的使用方法

2.2.1　数字存储示波器 DS1104Z 介绍

DS1104Z 是基于 RIGOL 独创 UltraVision 技术的多功能、高性能数字示波器,具有极高的存储深度、超宽的动态范围、良好的显示效果、优异的波形捕获率和全面的触发功能,是通信、计算机、研究和教育等众多行业和领域较好的调试仪器。

1. 主要特点
主要特点如下:
（1）模拟通道实时采样率 1 GSa/s,存储深度达到 12 Mpts;
（2）33 种波形参数自动测量（带统计功能）;
（3）高达 15 种触发功能,包含多种协议触发;
（4）7 英寸 WVGA（800 × 480）TFT 宽屏,色彩逼真,功耗低,寿命长。

2. 主要技术指标

DS1104Z 型数字存储示波器的主要技术指标如表 2.2 所示。

表 2.2　数字存储示波器 DS1104Z 技术指标

采样	
采样方式	实时采样
实时采样率	1 GSa/s(单通道)、500 MSa/s(双通道)、250 MSa/s(三/ 四通道)
平均值	所有通道同时达到 N 次采样后,N 次数可在 2,4,8,16,32,64,128,256, 512 和 1024 之间选择
分辨率	最高 12 b
存储深度	12 Mpts(单通道),6 Mpts(双通道),3 Mpts(三/ 四通道)
输入	
通道数量	4 模拟通道
输入耦合	直流、交流或接地(DC、AC 或 GND)
输入阻抗	1 MΩ ±1% ‖ 15 pF ±3 pF
垂直	
带宽(−3dB)	DC 至 100 MHz
垂直分辨率	8 b
垂直挡位	1 mV/div 至 10 V/div
直流增益精确度	<10 mV: ±4% 满刻度 ≥10 mV: ±3% 满刻度
水平	
时基挡位	5 ns/div 至 50 s/div
时基精度	≤ ±25 × 10^{-6}
时基模式	Y − T、X − Y、Roll
波形捕获率	30 000 wfms/s(点显示)
触发	
触发电平范围	距屏幕中心 ±5 格
触发模式	自动、普通、单次
触发灵敏度	1.0 div(5 mV 以下或噪声抑制打开) 0.3 div(5 mV 以上且噪声抑制关闭)

2.2.2 数字存储示波器 DS1104Z 快速入门

数字存储示波器 DS1104Z 前面板布局如图2.3所示。

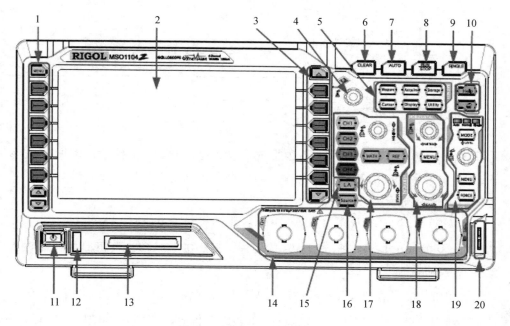

图2.3 DS1104Z 前面板布局

1. 前面板说明

DS1104Z 前面板说明如表2.3所示。

表2.3 数学存储示波器 DS1104Z 前面板说明

编号	说明	编号	说明
1	测量菜单操作键	11	电源键
2	LCD	12	USB HOST 接口
3	功能菜单操作键	13	数字通道输入[1]
4	多功能旋钮	14	模拟通道输入
5	常用操作键	15	逻辑分析仪操作键[1]
6	全部清除键	16	信号源操作键[2]

表 2.3(续)

编号	说明	编号	说明
7	波形自动显示	17	垂直控制
8	运行/停止控制键	18	水平控制
9	单次触发控制键	19	触发控制
10	内置帮助/打印键	20	探头补偿信号输出端/接地端

2. 前面板主要功能概述

(1) 垂直控制

① CH1 、 CH2 、 CH3 、 CH4 :模拟通道设置键。4 个通道标签用不同颜色标识,并且屏幕中的波形和通道输入连接器的颜色也与之对应。按下任一按键打开相应通道菜单,再次按下关闭通道。

② MATH :按 MATH 可打开 A + B,A − B,A × B,A/B,FFT,A&&B,A‖B,A^B,! A,Intg,Diff,Sqrt,Lg,Ln,Exp 和 Abs 等多种运算。按下 MATH 还可以打开解码菜单,设置解码选项。

③ REF :按下该键打开参考波形功能,可将对测波形和参考波形进行比较。

④垂直 POSITION :修改当前通道波形的垂直位移。顺时针转动增大位移,逆时针转动减小位移。修改过程中波形会上下移动,同时屏幕左下角弹出的位移信息实时变化。按下该旋钮可快速将垂直位移归零。

⑤垂直 SCALE :修改当前通道的垂直挡位。顺时针转动减小挡位,逆时针转动增大挡位。修改过程中波形显示幅度会增大或减小,同时屏幕下方的挡位信息实时变化。按下该旋钮可快速切换垂直挡位调节方式为"粗调"或"微调"。

(2) 水平控制

①水平 POSITION :修改水平位移。转动旋钮时触发点相对屏幕中心左右移动。修改过程中,所有通道的波形左右移动,同时屏幕右上角的水平位移信息实时变化。按下该旋钮可快速复位水平位移(或延迟扫描位移)。

② MENU :按下该键打开水平控制菜单。可开关延迟扫描功能,并切换不同的时基模式。

③水平 SCALE :修改水平时基。顺时针转动减小时基,逆时针转动增大时基。修改过程中,所有通道的波形被扩展或压缩显示,同时屏幕上方的时基信息实时变化。按下该旋钮可快速切换至延迟扫描状态。

（3）触发控制

①$\boxed{\text{MODE}}$：按下该键切换触发方式为 Auto,Normal 或 Single,当前触发方式对应的状态背光灯会变亮。

②触发$\boxed{\text{LEVEL}}$：修改触发电平。顺时针转动增大电平,逆时针转动减小电平。修改过程中,触发电平线上下移动,同时屏幕左下角的触发电平消息框中的值实时变化。按下该旋钮可快速将触发电平恢复至零点。

③$\boxed{\text{MENU}}$：按下该键打开触发操作菜单。

④$\boxed{\text{FORCE}}$：按下该键将强制产生一个触发信号。

（4）波形自动显示

$\boxed{\text{AUTO}}$：按下该键启用波形自动设置功能。示波器将根据输入信号自动调整垂直挡位、水平时基以及触发方式,使波形显示达到最佳状态。

（5）运行控制

$\boxed{\text{RUN/STOP}}$：按下该键"运行"或"停止"波形采样。运行(RUN)状态下,该键黄色背光灯点亮;停止(STOP)状态下,该键红色背光灯点亮。

（6）多功能旋钮

①调节波形亮度

非操作时,转动该旋钮可调整波形显示的亮度。亮度可调节范围为 0 至 100%。顺时针转动增大波形亮度,逆时针转动减小波形亮度。按下旋钮可将波形亮度恢复至60%。

②多功能

菜单操作时,该旋钮背光灯变亮,按下某个菜单软键后,转动该旋钮可选择该菜单下的子菜单,然后按下旋钮可选中当前选择的子菜单。该旋钮还可以用于修改参数、输入文件名等。

（7）功能菜单

①$\boxed{\text{Measure}}$：按下该键进入测量设置菜单。可设置测量信源、打开或关闭频率计、全部测量、统计功能等。按下屏幕左侧的$\boxed{\text{MENU}}$,可打开 32 种波形参数测量菜单,然后按下相应的菜单软键快速实现"一键"测量,测量结果将出现在屏幕底部。

②$\boxed{\text{Cursor}}$：按下该键进入光标测量菜单。示波器提供手动、追踪、自动和 XY 四种光标模式。其中,XY 模式仅在时基模式为"XY"时有效。

（8）测量菜单操作键

①$\boxed{\text{MENU}}$：按下该键可切换"水平"或"垂直"测量项。

②⬙⬗：按下此方向键可上翻页或者下翻页,浏览不同的波形参数测量项目。

③⬗：按下该键,选择该键对应的波形参数测量项目。

2.2.3 数字存储示波器 DS1104Z 使用实例

1. 测量一路正弦信号的频率与峰峰值

（1）操作步骤

①连接无源探头：将探头的 BNC 端连接至示波器前面板的 CH1 模拟通道输入端；探头接地鳄鱼夹或接地弹簧连接至电路接地端,然后将探针连接至待测电路测试点中。

②按下 AUTO 键,LCD 显示屏上出现合适大小的波形。

a. 方法一：

（a）按下常用操作键中的 Measure 键,出现该键对应的菜单栏。

（b）按下功能菜单操作键中对应"全部测量信源"的选择键。

（c）旋转多功能旋钮至使用的通道（本次使用 CH1）,按下多功能旋钮选择该通道（如果已经选择该通道,本步骤可忽略）。

（d）按下功能菜单操作键中对应的"全部测量"（此时该框显示关闭）的选择键,打开"全部测量功能"。

b. 方法二：

（a）按下测量菜单操作键中的 MENU 键,使屏幕显示为"垂直"（此时可选择波形的垂直参数）。

（b）按下"峰峰值"对应的选择键,选择该测量项（若该页无此测量项,可按该区的方向键翻页查找对应的测量项）。

（c）按下测量菜单操作键中的 MENU 键,使屏幕显示为"水平"。

（d）按下"频率"对应的选择键,选择该测量项。

（2）操作结果

①方法一

屏幕上方出现所有测量项,如图 2.4 所示。从图 2.4 中可以看出 V_{p-p}（峰峰值）对应的值为 1.02 V,Freq（频率）对应的值为 1.00 kHz。

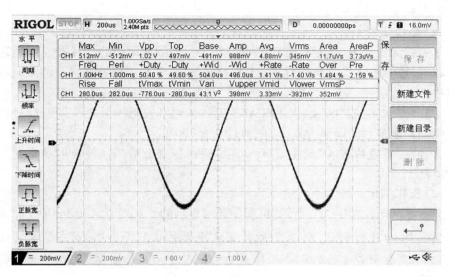

图2.4 方法一仪器显示

②方法二

屏幕左下方出现选择的测量项,如图2.5所示。从图2.5中可以看出 V_{p-p}(峰峰值)对应的值为1.02 V,Freq(频率)对应的值为1.00 kHz。从图中可以看出,两种方法测出的结果一致,可根据实验者自己的喜好选择方案。

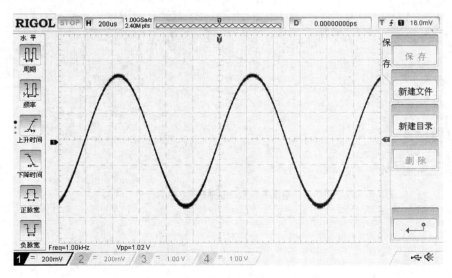

图2.5 方法二仪器显示

2. 振幅调制波(AM 波)的测量

(1)操作步骤

①连接无源探头:将探头的 BNC 端连接至示波器前面板的 CH1 模拟通道输入端;探头接地鳄鱼夹或接地弹簧连接至电路接地端,然后将探针连接至待测电路测试点中。

②旋转"水平控制区"的水平 <u>SCALE</u> 旋钮使时基接近四分之一调制信号的周期。例如调制信号的周期为 1 ms,调整时基为 200 μs。

③旋转"垂直控制区"的垂直 <u>SCALE</u> 旋钮选择合适的挡位使波形基本显示在整个屏幕上。

(2)操作结果

屏幕显示图像如图 2.6 所示,可利用此时显示的波形对载波幅度 UCm 和调制信号幅度 UΩm 进行测量。本实例需要注意的是使用 $\boxed{\text{AUTO}}$ 功能键无法得到此波形,而会得到数个载波周期的波形,需要旋转水平 <u>SCALE</u> 旋钮将时基变大才能得到比较标准的 AM 波。

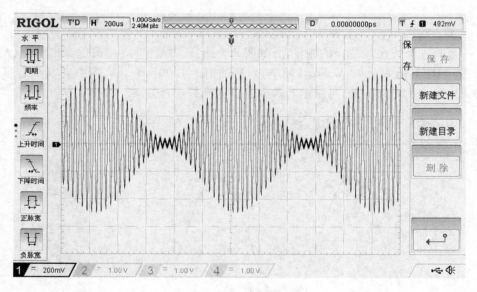

图 2.6 AM 波测量波形

3. 利用 U 盘存储示波器显示图像

(1)操作步骤

①将 U 盘连接到 USB HOST 接口上。

②按下"常用操作键区"中 Storage 键,进入文件存储和调用界面。

③按下"多功能菜单操作键区"中的下翻页键。

④按下"反色"对应的选择键,调节其为"打开"状态,使存储图片为白底,保证打印显示效果。

⑤按下"颜色"对应的选择键,调节其为"灰度"状态,使存储图片为黑白色。

(2)操作结果

利用该功能存储下 FM 波形,如图 2.7 所示。

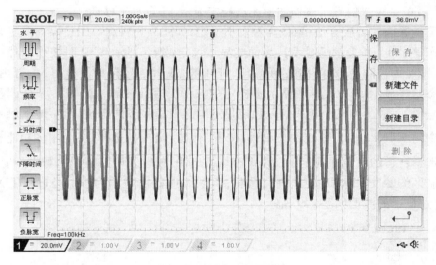

图 2.7　FM 波形存储图像

4. 常见问题

(1)示波器频率和幅度测量结果误差较大

可能原因与解决方法:示波器时基与垂直挡位设置不当,未使显示屏上信号垂直显示最大、水平显示一个周期造成误差;解决时可调节垂直SCALE 选择一个合适的最大垂直挡位;按下调节垂直SCALE 旋钮,进入微调模式,使信号垂直显示充满整个屏幕或调节水平 SCALE 旋钮,选择合适的时基,使屏幕大概显示一个周期的信号。

（2）示波器幅度测量显示结果远大于预期结果

可能原因及解决方法：示波器的通道设置中探头选择不为"1X"，故所显示的值为实际值乘以探头的倍数。解决方案有三种：按下相应模拟通道设置键（例如 CH1 ）出现相应的菜单键；按下"探头"对应的选择键；旋转多功能旋钮选择"1X"，按下多功能旋钮确认选择"1X"。

（3）示波器的幅度测量结果比预期结果小 10 倍左右

可能原因及解决方法：示波器无源探头选择"10X"挡（一般探头的"10X"挡带宽比"1X"挡大），此时信号衰减 10 倍。此时可参考前一个问题操作方法将示波器探头选项改为"10X"，可以使示波器测量显示为被测信号的正常值；或者直接将示波器无源探头开关拨到"1X"挡。

（4）单一频率信号示波器波形无法稳定显示，一直水平移动

可能原因及解决方法：示波器触发不稳定，如图 2.8 所示。用户界面左上角运行状态显示 T'D（表示已触发），界面能显示稳定波形（显示 T'D 时波形依然水平移动，则是由被测信号本身造成的，例如 FM 波，或者信号自身不稳定）。否则，运行状态始终显示 AUTO，界面显示不稳定的波形。有几种解决方法。一是调整触发信号源，一般为使某个通道信号稳定显示则触发信号源选定该信道；按下触发控制区中的 MENU ，出现相应的菜单键；按下"信源"对应的选择键；利用多功能旋钮进行选择合适的信源并确定。二是调整触发电平，使触发电路能稳定触发；利用触发控制区的触发 LEVEL 旋钮进行调整，直到波形稳定显示为止。经过以上调整后，稳定显示的波形如图 2.9 所示。

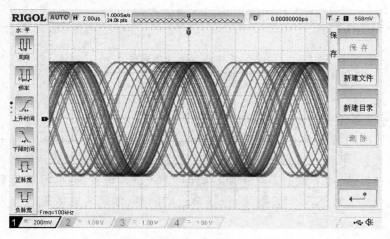

图 2.8　波形显示不稳定

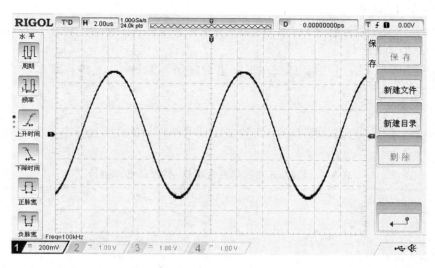

图2.9　波形稳定显示

注意　所谓触发,是指按照需求设置一定的触发条件,当波形流中的某一个波形满足这一条件时,示波器即时捕获该波形和其相邻的部分,并显示在屏幕上。数字示波器在工作时,不论仪器是否稳定触发,总是在不断地采集波形,但只有稳定的触发才有稳定的显示。触发模块保证每次时基扫描或采集都从用户定义的触发条件开始,即每一次扫描与采集同步,捕获的波形相重叠,从而显示稳定的波形。

2.3　函数/任意波形发生器 DG4102 的使用方法

2.3.1　函数/任意波形发生器 DG4102 介绍

DG4102 是集函数发生器、任意波形发生器、脉冲发生器、谐波发生器、模拟/数字调制器、频率计等功能于一身的多功能信号发生器。该系列的所有型号皆具有两个功能完全相同的通道,通道间相位可调。

1. 主要特点

(1)采用 DDS 直接数字合成技术,可生成稳定、精确、纯净和低失真的输出信号。

(2)7 英寸 16 MB 真彩 TFT 液晶显示屏,同时显示双通道的波形参数和图形。

(3)可输出多达 150 种波形/函数,包括正弦波、方波、锯齿波、脉冲波、噪声、Sinc、指数上升、指数下降、心电图、高斯、半正矢、洛仑兹、双音频、谐波、视频信号、雷达信号和 DC 电压等。

(4)丰富的调制类型,包括 AM,FM,PM,ASK,FSK,PSK,BPSK,QPSK,3FSK,4FSK,OSK 和 PWM。

(5)脉冲信号的上升沿时间和下降沿时间可单独调节,支持在基本波形上叠加高斯噪声。

2. 主要技术指标

函数/任意波形发生器 DG4102 的主要技术指标如表 2.4 所示。

表 2.4　函数/任意波形发生器 DG4102 的技术指标

基本指标	
通道数	2
最高频率	100 MHz
采样率	500 MSa/s
波形	
标准波形	正弦波、方波、锯齿波、脉冲波、噪声、谐波
任意波	Sinc、指数上升、指数下降、心电图、高斯、半正矢、洛仑兹、双音频、DC 电压等共计 150 种
频率特性	
正弦波	1 μHz ~ 100 MHz
方波	1 μHz ~ 40 MHz
锯齿波	1 μHz ~ 3 MHz
谐波	1 μHz ~ 25 MHz
噪声	1 μHz ~ 50 MHz
任意波	80 MHz 带宽
分辨率	1 μHz
准确度	$\pm 2 \times 10^{-6}$,18 ~ 28 ℃
输出特性(以 50 Ω 端接)	
范围	≤20 MHz:1 mV_{p-p} ~ 10 V_{p-p} ≤60 MHz:1 mV_{p-p} ~ 5 V_{p-p} ≤100 MHz:1 mV_{p-p} ~ 2.5 V_{p-p}

表 2.4(续)

准确度	典型（1 kHz 正弦,0 V 偏移, > 10 mV(p‑p),自动） ±设置值的1%　±2 mV(p‑p)		
调制特性			
调制类型	AM,FM,PM,ASK,FSK,PSK,BPSK,QPSK,3FSK,4FSK,OSK,PWM		
扫频特性			
载波	正弦波,方波,锯齿波,脉冲波,噪声,任意波(DC 除外)		
载波频率	2 mHz ~ 100 MHz		
类型	线性、对数、步进		
扫描时间	1 ms ~ 300 s		

2.3.2　函数/任意波形发生器 DG4102 快速入门

前面板布局如图 2.10 所示。

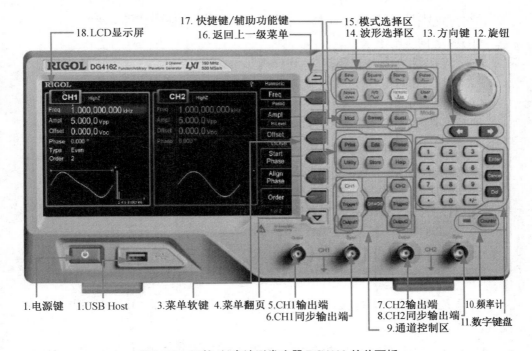

图 2.10　函数/任意波形发生器 DG4102 的前面板

1.前面板各部分名称与作用

（1）电源键

用于开启或关闭信号发生器。当该电源键关闭时，信号发生器处于待机模式。只有拔下后面板的电源线，信号发生器才会处于断电状态。

实验人员可以启用或禁用该按键自身的功能。启用时，需要在仪器上电后手动按下该按键启动仪器；禁用时，仪器上电后自动启动。

（2）USB Host

支持 FAT 格式的 U 盘。读取 U 盘中的波形或状态文件，或将当前的仪器状态和编辑的波形数据存储到 U 盘中，也可以将当前屏幕显示的内容以指定的图片格式（.bmp 或 .jpeg）保存到 U 盘。

（3）菜单软键

与其左侧菜单一一对应，按下任一软键激活对应的菜单。

（4）菜单翻页

打开当前菜单的上一页或下一页。

（5）CH1 输出端

BNC 连接器，标称输出阻抗为 50 Ω。

当 Output1 打开时（背灯变亮），该连接器以 CH1 当前配置输出波形。

（6）CH1 同步输出端

BNC 连接器，标称输出阻抗为 50 Ω。

当 CH1 打开同步时，该连接器输出与 CH1 当前配置相匹配的同步信号。

（7）CH2 输出端

BNC 连接器，标称输出阻抗为 50 Ω。

当 Output2 打开时（背灯变亮），该连接器以 CH2 当前配置输出波形。

（8）CH2 同步输出端

BNC 连接器，标称输出阻抗为 50 Ω。

当 CH2 打开同步时，该连接器输出与 CH2 当前配置相匹配的同步信号。

（9）通道控制区

CH1 ：选择通道 CH1。选择后，背灯变亮，用户可以设置 CH1 的波形、参数和配置。

CH2 ：选择通道 CH2。选择后，背灯变亮，用户可以设置 CH2 的波形、参数和配置。

Trigger1 ：CH1 手动触发按键，在扫频或脉冲串模式下，用于手动触发 CH1 产生一次扫频或脉冲串输出(仅当 Output1 打开时)。

Trigger2 :CH2 手动触发按键,在扫频或脉冲串模式下,用于手动触发 CH2 产生一次扫频或脉冲串输出(仅当 Output2 打开时)。

Output1 :开启或关闭 CH1 的输出。

Output2 :开启或关闭 CH2 的输出。

CH1 = CH2 :执行通道复制功能。

(10)频率计

按下 Counter 按键,开启或关闭频率计功能。频率计功能开启时, Counter 按键背灯变亮,左侧指示灯闪烁。若屏幕当前处于频率计界面,再次按下该键关闭频率计功能;若屏幕当前处于非频率计界面,再次按下该键切换到频率计界面。

(11)数字键盘

用于输入参数,包括数字键 0 至 9、小数点“.”、符号键“＋／－”、按键“Enter”“Cancel”和“Del”。注意,要输入一个负数,需在输入数值前输入一个符号“－”。此外小数点“.”还可以用于快速切换单位,符号键“＋／－”用于切换大小写。

(12)旋钮

①在参数设置时,用于增大(顺时针)或减小(逆时针)当前突出显示的数值。

②在存储或读取文件时,用于选择文件保存的位置或用于选择需要读取的文件。

③在输入文件名时,用于切换软键盘中的字符。

④此外,旋钮还可用于选择内置波形。

(13)方向键

①在使用旋钮和方向键设置参数时,用于切换数值的位。

②在文件名输入时,用于移动光标的位置。

(14)波形选择区

Sine ——正弦波

提供频率从 1 μHz 至 160 MHz 的正弦波输出。

①选中该功能时,按键背灯将变亮。

②可以改变正弦波的“频率/周期”“幅度/高电平”“偏移/低电平”和“起始相位”。

Square ——方波

提供频率从 1 μHz 至 50 MHz 并具有可变占空比的方波输出。

①选中该功能时,按键背灯将变亮。

②可以改变方波的"频率/周期""幅度/高电平""偏移/低电平""占空比"和"起始相位"。

Ramp——锯齿波

提供频率从 1 μHz 至 4 MHz 并具有可变对称性的锯齿波输出。

①选中该功能时,按键背灯将变亮。

②可以改变锯齿波的"频率/周期""幅度/高电平""偏移/低电平""对称性"和"起始相位"。

Pulse——脉冲波

提供频率从 1 μHz 至 40 MHz 并具有可变脉冲宽度和边沿时间的脉冲波输出。

①选中该功能时,按键背灯将变亮。

②可以改变脉冲波的"频率/周期""幅度/高电平""偏移/低电平""脉宽/占空比""上升沿""下降沿"和"延迟"。

Noise——噪声

提供带宽为 120 MHz 的高斯噪声输出。

①选中该功能时,按键背灯将变亮。

②可以改变噪声的"幅度/高电平"和"偏移/低电平"。

Arb——任意波

提供频率从 1 μHz 至 40 MHz 的任意波输出。

①支持逐点输出模式。

②可输出内建 150 种波形,如直流、Sinc、指数上升、指数下降、心电图、高斯、半正矢、洛仑兹、脉冲和双音频等,也可以输出 U 盘中存储的任意波形。

③可以输出用户在线编辑或通过 PC 软件编辑后下载到仪器中的任意波。

④选中该功能时,按键背灯将变亮。

⑤可改变任意波的"频率/周期""幅度/高电平""偏移/低电平"和"起始相位"。

Harmonic——谐波

提供频率从 1 μHz 至 80 MHz 的谐波输出。

①可输出最高 16 次谐波。

②可以改变谐波的"频率/周期""幅度/高电平""偏移/低电平"和"起始相位"。

③可以设置"谐波次数""谐波类型""谐波幅度"和"谐波相位"。

User——用户自定义波形键

用户可以将该按键定义为最常用的内建波形的快捷键（Utilit→用户键），此后便可以在任意操作界面,按下该键快速打开所需的内建波形并设置其参数。

（15）模式选择区

Mod——调制

可输出经过调制的波形,提供多种模拟调制和数字调制方式,可产生 AM,FM,PM,ASK,FSK,PSK,BPSK,QPSK,3FSK,4FSK,OSK 和 PWM 调制信号。

①支持"内部"和"外部"调制源。

Sweep——扫频

可产生"正弦波""方波""锯齿波"和"任意波（DC 除外）"的扫频信号。

①支持"线性""对数"和"步进"3 种扫频方式。

②支持"内部""外部"和"手动"3 种触发源。

③提供"标记"功能。

④选中该功能时,按键背灯将变亮。

Burst——脉冲串

可产生"正弦波""方波""锯齿波""脉冲波"和"任意波（DC 除外）"的脉冲串输出。

①支持"N 循环""无限"和"门控"3 种脉冲串模式。

②"噪声"也可用于产生门控脉冲串。

③支持"内部""外部"和"手动"3 种触发源。

④选中该功能时,按键背灯将变亮。

注意,当仪器工作在远程模式时,该键用于返回本地模式。

（16）返回上一级菜单

该按键用于返回上一级菜单。

（17）捷键/辅助功能键

Print——打印功能键

将屏幕以图片形式保存到 U 盘。

Edit——编辑波形快捷键

该键是"Arb 编辑波形"的快捷键,用于快速打开任意波编辑界面。

Preset——恢复预设值

用于将仪器状态恢复到出厂默认值或用户自定义状态。

Utility——辅助功能与系统设置

①用于设置一些系统参数。

②选中该功能时,按键背灯将变亮。

Store——存储功能键

可存储/调用仪器状态或者用户编辑的任意波数据。

①支持文件管理系统,可进行常规文件操作。

②内置一个非易失性存储器(C 盘),并可外接一个 U 盘(D 盘)。

③选中该功能时,按键背灯将变亮。

Help——帮助

要获得任何前面板按键或菜单软键的上下文帮助信息,按下该键将其点亮后,再按下你所需要获得帮助的按键。

(18)LCD

800×480 TFT 彩色液晶显示器,显示当前功能的菜单和参数设置、系统状态以及提示消息等内容。

2.3.3 函数/任意波形发生器 DG4102 使用实例

1. 实例 1

利用通道 1(CH1)输出频率 $f = 10$ MHz,幅度 $V_{p-p} = 100$ mV 的正弦信号,通道 2(CH2)输出频率 $f = 10$ kHz,幅度 $V_{p-p} = 1$ V 的方波信号。

(1)操作步骤

①将两根开路电缆分别连接到 CH1 和 CH2 输出端的 BNC 连接器上。

②按下通道控制区的 CH1 键,背灯变亮,可以设置 CH1 的波形、参数和配置。

③按下波形选择区中的 sine 键,选择正弦波信号。

④按下菜单软键中对应"频率"的选择键(按下 CH1 键时默认已经选中该键,可不用再按该键,若再按一次则切换到设置"周期")。

⑤利用数字键盘输入"1""0";利用菜单软键选择合适的单位,按下"MHz"对应的选择键,此时频率已经设置完毕。

⑥按下菜单软键中对应"幅值"的选择键。

⑦利用数字键盘输入"1""0""0";利用菜单软键选择合适的单位,按下"mVpp"对应的选择键,此时幅度已经设置完毕。

⑧按下通道控制区的 CH2 键,背灯变亮,可以设置 CH2 的波形、参数和配置。

⑨按下波形选择区中的 $\boxed{\text{Square}}$ 键,选择方波信号。

⑩参考 CH1 通道频率和幅度测量方法,对 CH2 通道相应参数进行设置。

⑪按下通道控制区的 Output1 和 Output2 键,输出设置好的信号。

（2）操作结果

设置结束后,仪器 LCD 显示屏如图 2.11 所示。

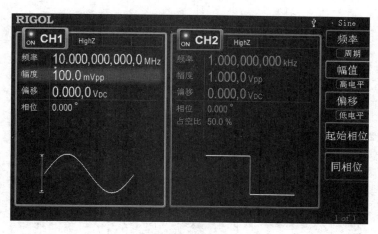

图 2.11 LCD 显示屏

2. 实例 2

CH2 通道利用内部调制方式产生一个调幅波（AM 波）,载波信号波形为正弦波,频率 $f_c = 1$ MHz,幅度 $V_{p-p} = 1$ V;调制信号波形为正弦波,频率 $f_\Omega = 1$ kHz,调幅指数为 50%。

（1）操作步骤

①将开路电缆连接到 CH2 输出端的 BNC 连接器上。

②按下通道控制区的 $\boxed{\text{CH2}}$ 键,背灯变亮,可以设置 CH1 的波形、参数和配置。

③按下波形选择区中的 $\boxed{\text{sine}}$ 键,选择正弦波信号。

④按下菜单软键中对应"频率"的选择键（按下 $\boxed{\text{CH2}}$ 键时默认已经选中该键,可不用再按该键,若再按一次则切换到设置"周期"）。

⑤利用数字键盘输入"1";利用菜单软键选择合适的单位,按下"MHz"对应的选择键,此时载波频率已经设置完毕。

⑥按下菜单软键中对应"幅值"的选择键。

⑦利用数字键盘输入"1";利用菜单软键选择合适的单位,按下"V_{p-p}"对应的

选择键,此时载波幅度已经设置完毕。

⑧按下模式选择区中的 Mod 键,进入调制模式。

⑨按下菜单软键中对应"调制类型"的选择键,进入调制类型选择界面;按下菜单软键中对应"AM"的选择键(若类型已经是 AM,可忽略本步骤)。

⑩按下菜单软键中对应"信号源"的选择键,将信号源改成"内部"(若信号源已经是内部,可忽略本步骤)。

⑪按下菜单软键对应"调幅频率"的选择键,参考步骤⑤设置调幅频率的值为 1 kHz。

⑫按下菜单软键中对应"调制深度"的选择键,利用数字键盘输入"5""0",按下"%"对应的选择键,设置完调制深度。

⑬按下通道控制区的 Output2 键,输出设置好的信号。

(2)操作结果

设置结束后,仪器 LCD 显示屏如图 2.12 所示。

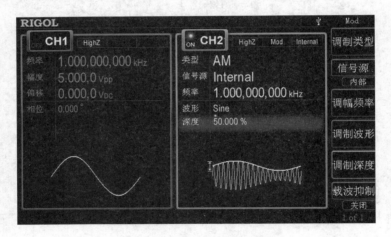

图 2.12　AM 波配置完成界面

3. 实例 3

CH2 通道利用内部调制方式产生一个调频波(FM 波),载波信号波形为正弦波,频率 $f_c = 100$ kHz,幅度 $V_{p-p} = 1$ V;调制信号波形为正弦波,频率 $f_\Omega = 1$ kHz,频率偏移为 10 kHz。

(1)操作步骤

①将开路电缆连接到 CH1 输出端的 BNC 连接器上。

②按下通道控制区的 CH1 键,背灯变亮,可以设置 CH1 的波形、参数和配置。

③按下波形选择区中的 sine 键，选择正弦波信号。

④参考实例一设置载波信号的频率和幅度参数。

⑤按下模式选择区中的 Mod 键，进入调制模式。

⑥按下菜单软键中对应"调制类型"的选择键，进入调制类型选择界面；按下菜单软键中对应"FM"的选择键。

⑦按下菜单软键中对应"信号源"的选择键，将信号源改成"内部"（若信号源已经是内部，可忽略本步骤）。

⑧按下菜单软键中对应"调制频率"的选择键，参考频率设置方法，设置频率为"1 kHz"。

⑨按下菜单软键对应"调制波形"的选择键，选择"sine"对应的选择键，按下"返回上一级菜单"按键，退出调制信号波形设置（若屏幕显示波形已经是正弦波，可忽略此步骤）。

⑩按下菜单软键对应"频率偏移"的选择键，参照实例一输入参数"10 kHz"。

⑪按下通道控制区的 Output1 键，输出设置好的信号。

（2）操作结果

设置结束后，仪器 LCD 显示屏如图 2.13 所示。

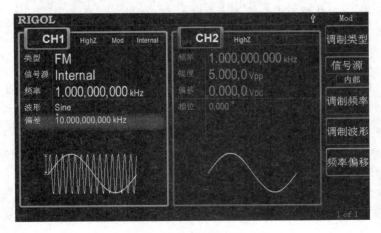

图 2.13　FM 波配置完成界面

4.利用仪器的频率计功能测量频率稳定度

（1）操作步骤

①将无源探头连接到仪器后面板的频率计测量外部信号输入端（如图 2.14 所示）上。

图 2.14　频率计信号输入端位置图

②按下频率计区的 Counter 按键,背灯变亮,打开频率计功能,同时进入频率计设置界面,如图 2.15 所示。

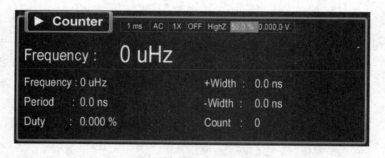

图 2.15　频率计参数设置界面

③测量频率稳定度时一般设置闸门时间为 1 s,方便进行记录。按下菜单翻页键,进入菜单第二页;按下菜单软键对应"闸门时间"的选择键,进入闸门时间选择菜单;按下"1 s"对应的选择键,完成选择。其他测量参数,例如灵敏度、触发电平等根据实际情况设定。

(2)操作结果

设置结束后,仪器 LCD 显示屏如图 2.16 所示。

5. 常见问题

(1)信号源显示输出幅度为 $1\ V_{(p-p)}$,但实际由示波器测得输出幅度则接近 $2\ V_{(p-p)}$(实际输出幅度接近设置输出幅度的两倍)。

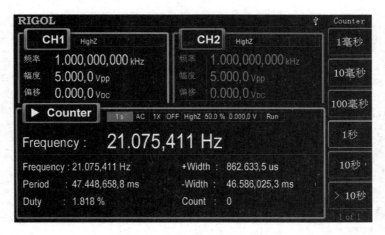

图 2.16　频率计配置完成界面

　　可能原因及解决方法：在排除示波器测量出现问题的情况下，可能是通道的阻抗设置出现问题。当设置负载阻抗为 50 Ω，实际负载阻抗为高阻时，会出现这种情况。通道阻抗设置值如图 2.17 所示显示在 LCD 显示屏上，CH1 负载阻抗为 50 Ω，CH2 负载阻抗为高阻状态，可根据显示判断是否设置错误。如果设置错误，可先按下模式选择区的 Utility 键；再按下"CH1 设置"对应的菜单软键，进入 CH1 特性菜单栏；接着按下"阻抗"对应的菜单软键，将阻抗由"50 Ω"改为"HighZ"；最后按下模式选择区的 Utility 键，退出设置。

注意　阻抗设置适用于输出振幅和 DC 偏移电压，对于前面板［Output1］连接器，DG4102 都有一个 50 Ω 的固定串联输出阻抗。如果实际负载与指定的值不同，则显示的电压电平将不匹配被测部件的电压电平。要确保正确的电压电平，必须保证负载阻抗设置与实际负载匹配。

图 2.17　阻抗设置

2.4 扫频仪 SP30120 的使用方法

2.4.1 扫频仪 SP30120 介绍

SP30120 系列扫频仪是一台集网络分析、扫频测量、点频信号源等多种测量模式为一体的高性能的测试仪器,使之成为测量射频组成各部件的线性及非线性器件的理想测量工具和手段。其适用于在对于诸如窄带滤波器、声表面波器件、放大器、衰减器等其他需要测量传输特性的器件和部件。

1. 主要特色

(1)采用直接数字合成技术(DDS),输出频率精度、分辨率高;

(2)扫描频率范围为 20 Hz ~ 120 MHz;

(3)频率分辨率可以达到 1 μHz;

(4)频率误差 $\leqslant \pm 5 \times 10^{-6}$,频率稳定度优于 $\pm 1 \times 10^{-6}$;

(5)信号输出幅度范围为 + 13 dBm(+ 25 dBm SP3030) ~ − 80 dBm,0.1 dB 步进。

2. 主要技术指标

表 2.5 主要技术指标

信号源	
输出波形	正弦波
采样速率	300 Msa/s
波形幅度分辨率	12 b
输出电平范围	− 80 dBm ~ + 13 dBm($f > 60$ MHz,输出为 − 80 dBm ~ + 10 dBm)
电平误差	$\leqslant \pm 0.5$ dBm($\geqslant -50$ dBm) $\leqslant \pm 1$ dBm(< -50 dBm)
输出阻抗	50 Ω/75 Ω
扫描时间	自动/人工设置 人工设置时间范围 50 ms ~ 10 s 任意设置
输入通道	
输入阻抗	50 Ω/75 Ω/高阻

表 2.5(续)

信号源	
输入电平范围	-60 dBm ~ $+10$ dBm

显示特性	
对数刻度	每格 1 dB,2 dB,5 dB,10 dB
线性刻度	10 mV,20 mV,50 mV,100 mV,200 mV,500 mV,1 V,2 V
显示范围	80 dB
相位测量范围	$-180° ~ +180°$
相位误差	$\leqslant \pm 1°$

2.4.2　扫频仪 SP30120 快速入门

1. 前面板装置名称与作用

SP30120 扫频仪的前面板装置如图 2.18 所示。

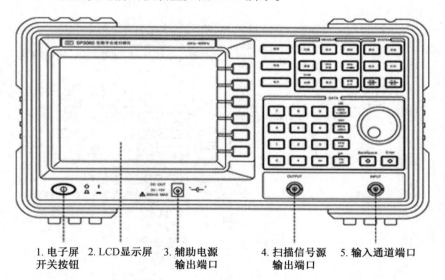

1. 电子屏　2. LCD显示屏　3. 辅助电源　　　4. 扫描信号源　　5. 输入通道端口
开关按钮　　　　　　　　　输出端口　　　　　输出端口

图 2.18　SP30120 扫频仪的前面板

（1）电子屏开关按钮

仪器的电子屏开关，按下该键接通工作电源，仪器开始工作。

（2）LCD 显示屏

仪器用于显示波形曲线和设置参数的装置。TFT 6.4 英寸，640×480 像素彩色液晶。

（3）辅助电源输出端口

此端口为方便客户使用而提供的辅助电源输出选件，能够提供 3 ~ 15 V，500 mA 的可变输出的电源。

（4）扫描信号源输出端口

此端口可以根据设置的扫描范围输出连续的扫描射频信号，也可以输出某一固定频率的点频射频信号。输出信号的最大幅度是 + 13 dBm，最小幅度是 − 80 dBm。此端口输出阻抗可 50 Ω 或 75 Ω 互换。

（5）输入通道端口

仪器扫频信号源的输出信号经过被测网络或被测器件后，进入此端口，然后由仪器处理并在显示器上显示测量的波形和参数。

2. 前面板按键与作用

SP30120 扫频仪前面板按键如图 2.19 所示。

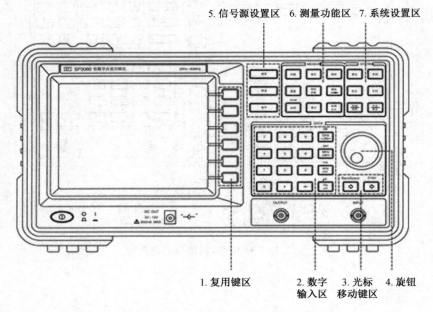

图 2.19　SP30120 扫频仪的前面板按键

（1）复用键区

本区有 6 个按键,对应每个功能菜单里的相应子功能项,可进行选择和修改功能等。

（2）数字输入区

表 2.6　数字输入

键名	功能	键名	功能
0	输入数字 0	8	输入数字 8
1	输入数字 1	9	输入数字 9
2	输入数字 2	·	输入小数点
3	输入数字 3	—	输入负号
4	输入数字 4	GHz/dBm	单位 GHz/dBm/dB
5	输入数字 5	MHz/−dBm	单位 MHz/−dBm/s
6	输入数字 6	kHz/mV	单位 kHz/mV/ms
7	输入数字 7	Hz/μV	单位 Hz/μV/μs

这些键用于在设置和修改参数的时候输入相应的数值、数字、单位。在数据输入状态下,按这些键即可顺序输入所需要的数值。

（3）光标移动键区

表 2.7

键名	功能	第二功能	键名	功能	第二功能
⇐	光标左移	退格键	⇒	光标右移	确认键

⇐ 光标左移/退格键,当选中某一项参数时,按此键使光标向左移动。另外,它还可以作为退格键使用。当输入数字错误时,可在输入单位之前,按此键删除刚才输入的数字。

⇒ 光标右移/确认键,当选中某一项时,按此键使光标向右移动。另外,它还可以作为确认键使用,有些数据输入没有单位,按此键使数据输入有效,可作为不确定的单位键使用。

（4）旋钮

使用旋钮也可以连续输入或改变相应选中的数据。

（5）信号源设置区

频率 频率参数设置键，按此键进入信号源的频率设置菜单，可设置信号源扫描的起始频率、终止频率、中心频率和点频输出频率等的频率参数值。

带宽 扫描宽度参数设置键，按此键来打开信号源的扫描带宽操作菜单，可设置以中心频率为中心的扫描范围。

电平 输出电平、阻抗参数设置键，按此键来进行信号源的输出电平的调节以及输出阻抗的设置和辅助电源电压的调节。

（6）测量功能区

扫描 扫描参数设置键，在测量时，按此键可以对仪器的扫描时间、扫描方式、触发方式和平均次数等参数进行选择和设置。

通道 输入通道参数设置键，按此键可以设置输入通道的阻抗、电平输入范围。

显示 显示参数设置键，按此键进入显示参数设置菜单，选择和修改显示的方式、显示的刻度、参考电平和参考位置，以及选择显示的是相对值还是绝对值并进行设置和修改。

注意 绝对测量方式（ABS）是表示扫频源输出信号通过被测器件后到输入端口的电平值，以 dBm（或 dBmV）为单位。相对测量方式（REL）是表示以输出电平为参考，扫描曲线每一点相对于输出电平的增益或衰减数值，以 dB 为单位。

频标 频率标记参数设置键，按此键可以进入频标参数设置菜单。可任意设置所需要查看的频率点的频率值，查看该频率点的增益数值。频标或△频标是表明显示或关闭。

相位测量 相位测量参数键，按此键进入相位测量参数设置菜单，设置相位测量参数，测量相位参数。

频标 → 频标功能键，按此键进入频标功能设置菜单。该菜单为了使用户更便捷地使用，提供了峰值搜寻、标记的自动移动、参考线的自动搜寻和设置、−3 dB带宽和谐振电路的 Q 值的测量等功能。

shift Shift/Local 键,该键在遥控状态时,作为 Local 键使用,按此键退出遥控状态。也可作为以后扩展功能使用。

单次 当信号扫描是内部触发和单次扫描时,按此键触发一次扫描和测量。

射频开/关 射频开/关键,按此键用于打开和关闭信号的输出。

(7)系统设置区

复位 复位键,按此键使仪器工作状态回复到出厂设置的缺省状态,在复位菜单中,还可以调用上次工作状态或开机工作状态。

系统 系统参数设置键,按此键进入系统参数设置菜单。用于查看和修改接口参数、开机状态、打印机设置、时钟设置等系统参数。

校正 系统性能校正键,按此键进入系统校正菜单。在该菜单中校正系统的频率响应误差和幅度响应误差,还可以自动校正仪器输出电平的平坦度。

打印 打印按键,按此键进入打印菜单,打印仪器的工作状态和测试曲线。

存储/调用 存储/调用键,按此键进入存储/调用菜单,可存储和调用工作状态,以及测量的扫描曲线波形。

中文/英文 中文/英文转换键,按此键使仪器的显示界面在英文和中文之间进行切换。

2.4.3　扫频仪 SP30120 使用实例

1.典型测量顺序

(1)输入测量参数

操作者可使用仪器面板按键或旋钮输入自己需要的扫描信号源输入通道及显示参数等的具体测量参数。

(2)校准扫频仪

在开始使用仪器时,建议最好进行仪器的频率校准,仪器可提供高精确的测量结果(校准是对当前设置的参数进行校准),如图 2.20 所示。

连接设备,按图 2.21(a)连接方式连接被测设备。

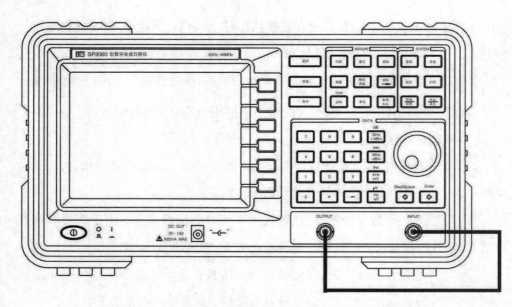

图 2.20　SP30120 系列全数字频率特性扫频仪校准连接图

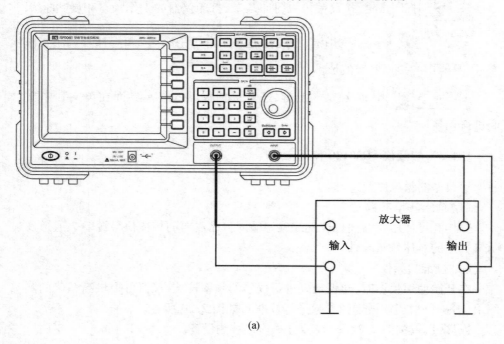

(a)

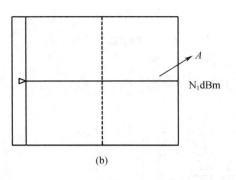
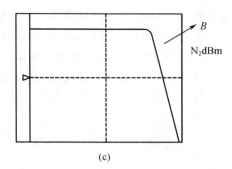

图2.21　SP3000系列全数字频率特性扫频仪幅频特性测量连接图
（a）连接方式；（b）自动校准后图像；（c）接被测网络后图像

（3）观察测量结果

连接完成后，调整仪器的信号输出、显示参数，利用仪器提供的频标功能、−3 dB带宽及Q值测量等功能，来观察和测量你所需要的参数数值。

2. 测量一个带宽约为30 MHz的放大器的增益和带宽

（1）操作步骤

①按【频率】键，进入频率参考设置菜单，起始频率设置为1 MHz，终止频率设置为40 MHz。

②按【显示】键，进入显示参数设置菜单，显示方式置为对数，显示刻度10 dB/div，参考电平置−30 dBm，参考位置4，显示格式为绝对方式（ABS）。

③按【电平】键，进入电平参数设置菜单，输出电平置为−30 dBm，输出阻抗50 Ω/75 Ω根据负载选择。

④将射频输出与输入用射频电缆连接。

⑤按【校正】键，进入校正设置菜单，进行频率自动校准，校准后，扫描曲线如图2.21（b）所示，这时A的位置如图2.21（b）所示。

⑥按图2.21（a）所示连接被测网络，此时增益线由A到B的位置如图2.21（c）所示。

⑦进入【频标】菜单，使用旋钮或数字输入，设置需要读数的频率点，显示格式选择REL状态，然后就可以在屏幕的右上角读出相应频率点的增益数。用旋钮调整频率标记的频率点，可以测量放大器的带宽，也可以直接打开−3 dB带宽测量。

3. −3 dB宽带测量和Q值测量

以下以检测一个455 kHz的陶瓷谐振器为例，对具体操作步骤进行说明。

（1）操作步骤

①将输出输入用BNC相接。按【频率】键，进入频率设置参数菜单，起始频率

设置为 440 kHz,终止频率设置为 460 kHz。

②按【显示】键,进入显示设置菜单,显示方式置 log,显示刻度 10 dB/div。

③按【电平】键,进入电平设置菜单,输出电平置 – 10 dBm。

④按【校正】键,进入校正设置,按频率校正进行频率校正。

⑤将被测件按图 2.22(a)方式连接。

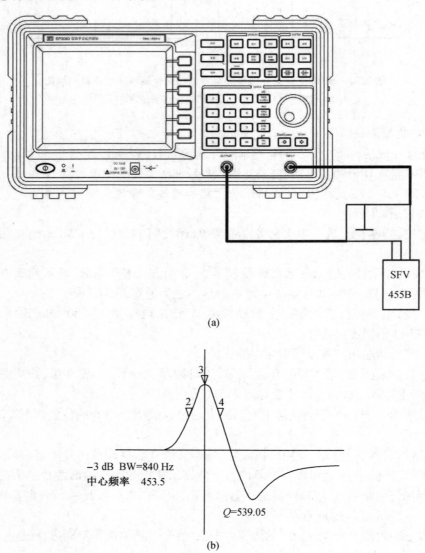

(a)

−3 dB BW=840 Hz
中心频率 453.5

Q=539.05

(b)

图 2.22 SP3000 系列全数字频率特性扫频仪测量连接图

⑥按【频标 g】键,进入频标功能设置菜单,按【峰值搜寻】复用键搜寻最大值和最小值。

⑦按【自动居中】复用键,把最大值移动到中心位置。

⑧按【Q 值测量】键,打开 Q 值测量功能,仪器自动测量器件的 Q 值,并在屏幕的下方显示数值。

注:以上测试方式,须将输出电平置合适的位置,以免影响测量值。

2.5 高频 Q 表 QBG – 3D 的使用方法

2.5.1 高频 Q 表 QBG – 3D 介绍

QBG – 3D 型高频 Q 表能在较高的测试频率条件下,测量高频电感或谐振回路的 Q 值,电感器的电感量和分布电容量、电容器的电容量和损耗角正切值、电工材料的高频介质损耗、高频回路有效并联及串联电阻、传输线的特性阻抗等。

1. 主要特点

(1)以单片计算机作为仪器的控制、测量核心。

(2)采用了频率数字锁定、标准频率测试点自动设定、谐振点自动搜索、Q 值量程手动或自动转换、数值显示等新技术。

(3)改进了调谐回路,使得调谐测试回路的残余电感减至最低,并保留了原 Q 表中自动稳幅等技术。

2. 主要技术指标

QBG – 3D 型高频 Q 表的主要技术指标如表 2.8 所示。

表 2.8 QBG – 3D 技术指标

Q 值测量		
测量范围	5 ~ 999	
量程分挡	30,100,300,999,自动换挡或手动换挡	
频率范围	25 kHz ~ 10 MHz	10 MHz ~ 50 MHz
固有误差	≤5% ± 满度值的2%	≤7% ± 满度值的2%
工作误差	≤7% ± 满度值的2%	≤10% ± 满度值的2%
电感测量		
测量范围	0.1μH ~ 1H	

表 2.8(续)

电容测量	
直接测量范围	1 ~ 460 pF
主电容调节范围/准确度	40 ~ 500 pF 150 pF 以下 ±1.5 pF;150 pF 以上 ±1%
微调电容电容量/准确度	−3 pF ~ 0 ~ +3 pF ±0.2 pF
信号源频率覆盖范围	
频率范围	25 kHz ~ 50 MHz(分为七段)

2.5.2 高频 Q 表 QBG −3D 快速入门

高频 Q 表 QBG −3D 的前面板布局如图 2.23 所示。

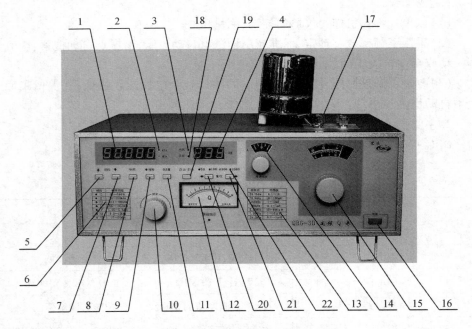

图 2.23 高频 Q 表 QBG −3D 前面板

前面板各部分名称与其作用

1. 频率显示数码管,共 5 位。

2. 频率单位指示灯,MHz 或 kHz。

3. 器件 Q 值合格指示灯,超过已设置的值时灯亮。

4. Q 值指示数码管,共 3 位。

5. 工作频段选择按键,每按一次,切换至低一个频段工作。

6. 工作频段指示灯,表格内为对应的频段工作频率范围。

7. 工作频段选择按键,每按一次,切换至高一个频段工作。

8. 工作频段内,标准测试频率设置按键和各段内标准测试频率见面板功能部分。

9. 器件谐振点搜索按键,右上角指示灯亮时表示仪器正工作在自动搜索,如需退出搜索,再按此键。

10. 频率调谐数码开关。

11. Q 值合格比较值设定按键。

12. Q 值调谐指示表。

13. 对应各工作频段的电感测量范围和标准测试频率表。

14. 调谐回路的付调谐电容器调谐旋钮,它与主调谐电容并联,旋钮上方对应的窗口内是该电容的变化范围指示刻度盘(−3 ~ +3 pF)。

15. 调谐回路的主调电容调谐旋钮,上方对应的窗口内为主调电容的电容值和谐振时对应的测试电感值刻度盘。

16. 电源开关。

17. 测试回路接线柱,左边两个为电感接入端,右边两个为外接电容接入端。

18. Q 值量程手动控制指示灯,灯亮时为手动控制方式。

19. Q 值量程自动/手动控制方式选择按键。

20. Q 值量程手动方式时,低一挡量程选择按键。

21. Q 值量程手动方式时,高一挡量程选择按键。

22. Q 值量程满度值指示灯,依次为 30,100,300,1 000 量程。

2.5.3 高频 Q 表 QBG −3D 使用实例

1. 高频线圈有效电感值和有效 Q 值的测量

(1)操作步骤

①将被测线圈接在"Lx"接线柱上,接触要良好。

②根据线圈大约电感值,利用面板"对照表"确定该电感范围所对应频率点的频段,按下"工作频段选择按键"选择该频段。

③按下"标频"快速将信号发生器调节到这一点标准频率上。

④微调电容刻度放在"0"上，调节主调电容到谐振点附近(依据 Q 值变大的方向调节，Q 值最大时处于谐振状态)。

⑤调节微调电容到达谐振点，这时刻度盘所指的主调电容值±微调电容值为 C1，C1 刻度对应表盘上所指电感值，乘以对照表上所指的倍数，就是线圈有效电感值(L)。

⑥Q 值指示数码管显示的值为对应的有效 Q 值。

2. 常见问题

(1)测量过程中调谐指示指针不动(确定所选的频率点无误)

可能原因及解决方法：接线柱与被测线圈接触不良，一般绕制线圈使用的导线是漆包线，其外层涂有绝缘漆，需要清理干净。

(2)测量值误差较大

可能原因与解决方法：被测件和测试电路接线柱间的接线较长，应尽量短、足够粗，并应接触良好、可靠，以减少因接线的电阻和分布参数所带来的测量误差；而且如果需要较精确地测量，必须接通电源后，预热 30 分钟，再进行测试。

(3)无法确定线圈的大概电感值，选用合适的频段测量有效电感值和有效 Q 值

解决方法：可以使用频率点自动搜索功能进行测量，仪器从最低工作频率一直搜索到最高工作频率，如果元件谐振点在频率覆盖区间内，搜索结束后，将会自动停在元件的谐振频率点附近。具体操作步骤如下：

①把元件接在接线柱上；

②主调电容调到中间位上(大概)；

③按一下"搜索"按键，右上角指示灯亮时，仪器就进入搜索状态，搜索完毕后频率自动停留到元件的谐振频率点附近。

④按下"标频"快速将信号发生器调节到这一点标准频率上；

⑤微调电容刻度放在"0"上，调节主调电容到谐振点附近(依据 Q 值变大的方向调节，Q 值最大时处于谐振状态)；

⑥调节微调电容到达谐振点，这时刻度盘所指的主调电容值±微调电容值为 C1，C1 刻度对应表盘上所指电感值，乘以对照表上所指的倍数，就是线圈有效电感值(L)；

⑦Q 值指示数码管显示的值为对应的有效 Q 值。

第3章　通信电子线路基础实验

3.1　小信号谐振放大器的设计

3.1.1　实验目的

1. 熟悉小信号谐振放大器的工作原理及工程估算的方法。
2. 掌握小信号谐振放大器主要性能指标(电压增益、选择性、通频带)的调试方法。
3. 研究电路参数对小信号谐振放大器技术指标的影响。
4. 了解函数/任意波形发生器、数字示波器、数字合成扫频仪、高频 Q 表的基本原理,学习它们的使用方法。

3.1.2　实验原理及电路

1. 实验原理

高频小信号谐振放大器是通信设备中常用的功能电路。"高频"是指被放大信号的频率在数百千赫兹至数百兆赫兹外,"小信号"是指放大器输入信号小,可以认为放大器的晶体管(或场效应管)是在线性范围内工作。

谐振放大器的主要特点是晶体管的集电极负载不是纯电阻,而是由 LC 组成的并联谐振回路。由于 LC 并联谐振回路的阻抗是随频率变化的,在谐振频率 $f_0 = 1/2\pi\sqrt{LC_\Sigma}$ 处,其阻抗是纯电阻且达到最大值,此时放大器具有最大的电压放大倍数,偏离谐振频率,放大倍数就会迅速减少。因此,这种放大器可以有选择性地放大所需要的频率信号,而抑制不需要的信号或外界干扰噪声。

谐振放大器的主要性能指标有以下 3 个。

(1)谐振电压放大倍数 A_{u0}

放大器谐振时输出电压与输入电压的比值,即最大的电压放大倍数。

(2)通频带

单谐振放大器的谐振特性如图 3.1 所示。通频带定义为电压放大倍数下降到谐振电压放大倍数的 0.707 倍时所对应的上下限频率之差。其理论计算公式为

$$BW = 2\Delta f_{0.7} = f_0 / Q_L \qquad (3-1)$$

式（3 - 1）中，Q_L 为谐振回路的有载品质因数，所以

$$Q_L = R_\Sigma \sqrt{C/L}$$

式中，R_Σ 是与 LC 相并联的回路等效损耗电阻。R_Σ 增大，Q_L 就越大，通频带将变窄。

（3）选择性

选择性是指放大器对不同失谐频率的干扰信号的抑制能力。理想情况下，通频带以外的信号应衰减为 0，在实际中通常用矩形系数来衡量放大器谐振曲线接近理想矩形的程度。它定义为电压放大倍数下降到谐振电压放大倍数的 0.1 倍时对应的频率带

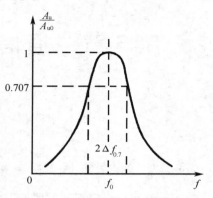

图 3.1　单谐振放大器的谐振特性

宽 $2\Delta f_{0.1}$ 与电压放大倍数下降到谐振电压放大倍数的 0.707 倍时对应的频率带宽 $2\Delta f_{0.7}$ 之比，即

$$K_{V0.1} = 2\Delta f_{0.1} / 2\Delta f_{0.7} = 2\Delta f_{0.1} / BW \qquad (3-2)$$

矩形系数越接近 1，谐振放大器的选择性也就越好。

2. 实验电路

小信号谐振放大器实验电路原理图如图 3.2 所示。图 3.2 中，由三极管 Q_1 及偏置电阻、集电极回路组成单级单谐振放大器，电路中的 C_4 为输入耦合电容，R_{p1}，R_3，R_4 是基极偏置电阻，调整 R_{p1} 可改变静态工作点，R_5，C_5 为发射极偏置电阻及高频旁路电容，谐振电路由变压器 T_1 的初级及电容 C_2、C_3 构成，C_3 为可变电容，调整 C_3 可以改变谐振频率，R_1 为回路阻尼电阻，可用来改变谐振回路的品质因数。

3. 电路调试方法

电路焊接完成之后，首先应调整电路的直流工作点。电路中基极偏置电阻和发射极电阻决定晶体管的静态工作状态。改变基极偏值电阻比值，可改变晶体管基极电压，进而改变晶体管的静态工作点，使晶体管工作在线性放大状态，其调试方法与阻容耦合放大器相同。对于谐振放大器的频率特性、增益的调整与测试，一般采用两种方法，一是逐点法，二是扫频法。两者比较，后者比较简单、直观。

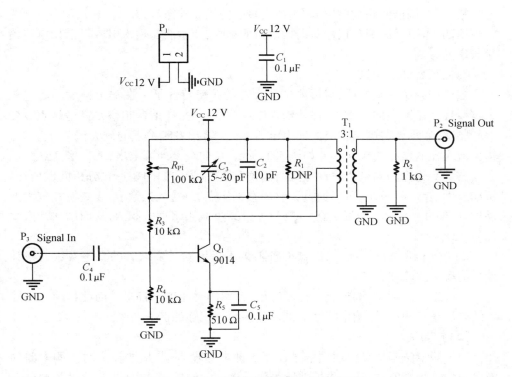

图3.2　小信号谐振放大器实验电路原理图

（1）逐点法

所谓逐点法,就是以高频信号发生器为信号源,逐点改变信号源输出频率,用示波器或电压表连接在放大器的输出端,观察和测量输出电压,进而得出被测电路的幅频特性。

①谐振频率的调试

为了使小信号谐振放大器处于谐振状态,必须进行调谐。调谐时,首先将高频信号发生器的输出频率置于 f_0 上,输出幅度调到适当大小,接到被测电路的输入端,然后将示波器接到被测电路的输出端,调整放大器谐振回路中的微调元件,使放大器的输出电压达到最大值,此时回路便被调谐于工作频率 f_0 上。

在调整过程中,应注意以下四点:

第一,信号源输出幅度不能过大而使放大器进入非线性状态,将使调谐不准。

第二,当信号源输出端接到输入端时,应有隔直电容,否则信号源的接入会影响放大器的直流工作点。

第三,在调谐回路的电感或电容时,最好使用无感螺丝刀。

第四,需要考虑测量仪器对谐振电路的影响,如示波器输入电容对谐振电路谐振频率的影响。

②幅频特性的调试

当中心频率调整好后,就可测试放大器的频率特性了。在输出幅度不超过放大器线性动态范围的条件下,保持输入电压幅度不变,在谐振频率 f_0 两旁逐点改变信号频率,用示波器测出相应的输出电压 U_0,计算出各频率点的放大倍数 A_u,即可描出放大器的谐振曲线 $A_u - f$,如图 3.1 所示,从曲线上即可求出 $2\Delta f_{0.7}$ 和 $2\Delta f_{0.1}$。

若这些指标的测量值与设计值相差较远,应根据它们的表达式分析问题所在。例如放大倍数 A_{uQ} 较小,可以通过调整静态工作点 I_C,接入系数 p_1 或更换 β 较大的晶体管,使 A_{uQ} 增加。如果 $2\Delta f_{0.7}$ 过窄,可以通过减小阻尼电阻 R,从而增加插入损耗使 $2\Delta f_{0.7}$ 变宽。

由于分布参数的影响,放大器的各项技术指标满足要求后的元件参数与设计计算值有一定偏差。

采用逐点法测量,调整起来比较麻烦,花费的时间也比较多。因此目前采用较多的方法是扫频法,用频率特性测试仪直接测量回路的谐振曲线。

(2)扫频法

扫频测量法是将等幅扫频信号加至被测电路输入端,检波探头对被测电路的输出信号进行峰值检波,并将检波所得信号送往示波器 y 轴电路,该信号的幅度变化正好反映了被测电路的幅频特性,因而在屏幕上能直接观察到被测电路的幅频特性曲线。由于扫频信号的频率是连续变化的,在示波器屏幕上可直接显示出被测电路的幅频特性。

SP30120 系列全数字频率特性扫频仪是一台集网络分析、扫频测量、点频信号等多种测量为一体的智能化测试仪器,用它可测定无线电设备(如宽带放大器、中频放大器、高频放大器、滤波器等有源和无源四端网络的幅频特性、阻抗、$-3\,dB$ 带宽、Q 值等)的频率特性,测试方法见 2.4 节。

3.1.3　实验器材

1. 实验仪器

实验仪器如表 3.1 所示。

表 3.1　实验仪器清单

序号	型号	数量	说明
1	DP832	1 台	数字可编程直流稳压电源
2	DG4102	1 台	函数/任意波形发生器
3	DS1104Z	1 台	数字示波器
4	SP30120	1 台	数字合成扫频仪(共用)
5	QBG – 3D	1 台	高频 Q 表(共用)
6	数字万用表	1 块	自备

2. 实验材料

实验材料如表 3.2 所示。

表 3.2　实验材料

序号	型号	数量	说明
1	印制万用板	1 块	小信号谐振放大器实验板
2	NXO – 100	1 个	绕制变压器
3	9014	1 个	
4	5 – 30 pF 可调电容	1 个	
5	100 kΩ 电位器	1 个	
6	碳膜电阻	若干	自取
7	瓷片电容	若干	自取
8	导线、焊锡	若干	自取

3.1.4　实验内容及要求

1. 实验电路技术指标要求:$f_0 = 10$ MHz,$A_{u0} \geqslant 20$ dB,$2\Delta f_{0.7} = （1 \sim 2）$ MHz。

2. 在印制电路板上焊接电路,焊接完毕检查无误后方可进行通电调试。

3. 调整并测试三极管的静态工作点。

4. 用逐点法测试并调整放大器的各项技术指:中心频率 f_0、电压增益 A_{u0}、通频带 $2\Delta f_{0.1}$、矩形系数 $K_{r0.1}$,使其符合技术指标要求。

5. 研究电路参数（静态工作点、回路阻尼电阻）对放大器技术指标 A_{u0} 和 $2\Delta f_{0.7}$ 的影响。

6. 用数字频率特性扫频仪测量放大器的各项技术指标。（选作）

3.1.5 实验步骤

1. 使用磁环 NXO-100 绕制高频变压器 T_1

要求初级次级比为 3:1。

2. 在印制电路板上焊接电路

焊接前，需测量电阻值是否取用正确；焊接完毕后，使用万用表检查焊接有无短路，变压器是否焊接可靠，检查无误后方可进行通电调试。

3. 测量晶体管的静态工作点

调整可调电阻 R_{P1}，使 $I_{EQ}=1\sim4$ mA，测量相应的基极电位 U_{BQ} 和集电极电位 U_{CQ}，并完成表 3.3 所要求的项。

表 3.3　静态工作点的测试数据

实测值			由实测值计算		判断三极管 Q1 是否工作在放大状态
U_{BQ}/V	U_{EQ}/V	U_{CQ}/V	U_{CQ}/mA	U_{CEQ}/V	是/否

注：放大区应满足的条件是：$U_{BEQ}=U_{BQ}-U_{EQ}\approx0.6\ V\sim0.7\ V,U_{CEQ}=U_{CQ}-U_{EQ}>1\ V$。

4. 调整放大器谐振频率（10 MHz）

由信号发生器输出频率为 10 MHz 的高频信号（$V_{p-p}=20\sim100$ mV，保证输出信号不失真），接至谐振放大器的输入端，用示波器在输出端观察输出电压，慢慢微调可变电容 C_3 使输出波形幅度最大。此时，增大和降低信号源输出频率，检验放大器是否调谐于 10 MHz。

5. 测量谐振电压放大倍数

谐振时，用示波器测量放大器的输入和输出电压，计算电压放大倍数。

6. 测量放大器的幅频特性曲线

在保持输入信号幅度不变的条件下，记录输出电压为最大输出电压的 0.9，0.8,0.7,0.6,0.5,0.4,0.3,0.2,0.1 倍时所对应的上下边频，填入表 3.4，绘出谐振曲线，并求通频带和矩形系数。

7. 自拟实验方案，研究静态工作点、回路阻尼电阻对放大电路的影响。

8. 用数字频率特性扫频仪测量放大器的各项技术指标。（选作）

表 3.4   谐振特性曲线的测量结果

U_o/V	U_o/U_{omax}									
	0.1	0.2	0.3	0.4	0.5	0.6	0.7	0.8	0.9	1
f_{in} 上边频/MHz										
f_{in} 下边频/MHz										f_0
相对电压放大倍数 A_{u0}										

3.1.6   实验预习要求

1. 预习实验相关原理,掌握电路参数的设计方法,明确电路调试方法。

2. 撰写实验预习报告:

(1)实验目的;

(2)实验原理及电路;

(3)实验内容及要求;

(4)实验步骤;

(5)回答预习思考题。

3. 阅读高频电子仪器使用说明。

4. 预习思考题:

(1)为什么提高电压增益时,通频带会减小? 可采用哪些措施提高电压增益?

(2)使用高频信号源,如何判断谐振回路处于谐振状态? 怎样测量幅频特性曲线?

3.1.7   实验报告要求

撰写实验报告的要求如下:

(1)实验数据处理;

(2)实验结果分析;

(3)实验总结,包含实验结论及实验心得。

3.2 丙类功率放大器的设计

3.2.1 实验目的

1. 了解丙类功率放大器的基本工作原理,掌握丙类放大器的调谐特性,熟悉主要技术指标的测量方法。

2. 了解高频功率放大器丙类工作过程以及当激励信号、负载、电源电压变化对功率放大器工作状态的影响,加深对欠压、过压、临界三种工作状态的理解。

3. 掌握丙类放大器的计算与设计方法。

3.2.2 实验原理及电路

1. 基本原理

放大器按照电流导通角 θ 的范围可分为甲类、乙类、丙类及丁类等不同类型。功率放大器电流导通角 θ 越小,放大器的效率 η 越高。

甲类功率放大器的 $\theta = 180°$,效率 η 最高只能达到 50%,适用于小信号低功率放大,一般作为中间级或输出功率较小的末级功率放大器。

非线性丙类功率放大器的电流导通角 $\theta < 90°$,效率可达到 80%,通常作为发射机末级功放以获得较大的输出功率和较高的效率。非线性丙类功率放大器通常用来放大窄带高频信号(信号的通带宽度只有其中心频率的 1% 或更小),基极偏置为负值,电流导通角 $\theta < 90°$,为了不失真地放大信号,它的负载必须是 LC 谐振回路。

下面介绍丙类功率放大器的工作原理及基本关系式。

(1)基本关系式

丙类功率放大器的基极偏置电压 V_{BB} 是利用发射极电流的直流分量 $I_{EO}(\approx I_{CO})$ 在射极电阻上产生的压降来提供的,故称为自给偏压电路。当放大器的输入信号 u_i 为正弦波时,集电极的输出电流 i_C 为余弦脉冲波。利用谐振回路 LC 的选频作用可输出基波谐振电压 V_{c1}。

$$V_{c1m} = I_{c1m}R_P \qquad (3-3)$$

式(3-3)中,V_{c1m} 为集电极输出的基波电压的振幅;I_{c1m} 为集电极基波电流振幅;R_P 为集电极回路的谐振阻抗。

$$P_O = \frac{1}{2}V_{c1m}I_{c1m} = \frac{1}{2}I_{c1m}^2 R_p = \frac{1}{2}\frac{V_{c1m}^2}{R_p} \tag{3-4}$$

式(3-4)中，P_O 为集电极输出功率。

$$P_= = V_{CC}I_{c0} \tag{3-5}$$

式(3-5)中，$P_=$ 为电源 V_{CC} 供给的直流功率；I_{c0} 为集电极电流脉冲 i_C 的直流分量。放大器的效率 η 为

$$\eta = \frac{1}{2} \cdot \frac{V_{c1m}}{V_{CC}} \cdot \frac{I_{c1m}}{I_{c0}} \tag{3-6}$$

2. 负载特性

当放大器的电源电压 V_{CC}，基极偏压 V_{BB}，输入电压（或称激励电压）U_{im} 确定后，如果电流导通角选定，则放大器的工作状态只取决于集电极回路的等效负载电阻 R_p。

当放大器处于临界工作点时，管子的集电极电压正好等于管子的饱和压降 V_{CES}，集电极电流脉冲接近最大值 I_{cm}，此时集电极输出的功率 P_C 和效率 η 都较高。R_p 所对应的值称为最佳负载电阻，用 R_0 表示，即

$$R_0 = \frac{(V_{CC} - V_{CES})^2}{2P_O} \tag{3-7}$$

当 $R_p < R_0$ 时，放大器处于欠压状态，集电极输出电流虽然较大，但集电极电压较小，因此输出功率和效率都较小。当 $R_p > R_0$ 时，放大器处于过压状态，集电极电压虽然比较大，但集电极电流波形有凹陷，因此输出功率较低，但效率较高。为了兼顾输出功率和效率的要求，谐振功率放大器通常选择在临界工作状态。判断放大器是否为临界工作状态的条件为

$$V_{CC} - V_{cm} = V_{CES} \tag{3-8}$$

2. 实验电路

电路原理图如图 3.3 所示，其中 L_1，C_7，R_3，R_2 组成自给负偏置电路，C_5 不焊接，T_1 为高频变压器，采用中周变压器 TTF2-2，负载电阻可通过电阻 R_4，R_6，R_{p1} 设置，可改变回路 Q 值，用来研究负载变化对工作状态的影响，R_2 为发射极电流的采样电阻，T_{p1} 测试点用来观察发射极电流的波形。C_1 和 C_6 为集电极电源滤波电容。

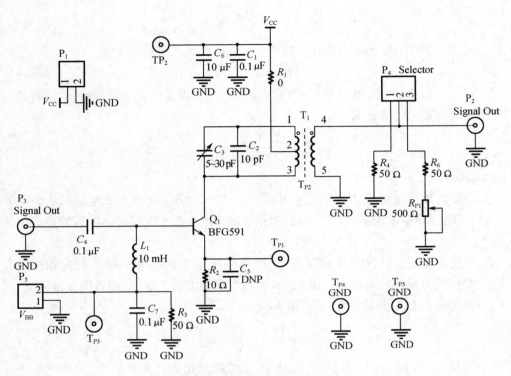

图 3.3 高频丙类功率放大器实验原理图

3.2.3 实验器材

1. 实验仪器

实验仪器如表 3.5 所示。

表 3.5 实验仪器清单

序号	型号	数量	说明
1	DP832	1 台	数字可编程直流稳压电源
2	DG4102	1 台	函数/任意波形发生器
3	DS1104Z	1 台	数字示波器
4	SP30120	1 台	数字合成扫频仪
5	万用表	1 块	自备

2. 实验材料

实验材料如表3.6所示。

表3.6 实验材料清单

序号	型号	数量	说明
1	高频丙类功率放大器实验板	1块	

3.2.4 实验内容及要求

1. 实验电路技术指标要求:

$$f_0 = 460 \pm 10 \text{ kHz}$$

2. 研究激励电压、负载、电源电压对功率放大器工作状态的影响。

3.2.5 实验步骤

1. 连接电路

连接直流电源(注意电源电压 $V_{CC} = 12.0$ V,以万用表测量为准),取谐振功放输出负载电阻 $R_L = 150$ Ω。

2. 调谐特性的测试(中心频率为 450 kHz)

将高频信号发生器的输出峰峰值调至约1.8 V,接至放大器的输入端。示波器连接功率放大器输出,测量输出电压大小,调节可调电容使谐振回路调谐于 450 kHz。

3. 研究激励电压变化对工作状态的影响(要求信号源输出电压不大于3 V_{p-p})

将高频信号发生器的输出频率调至谐振频率,改变输出信号幅度,示波器接于测试点,观察集电极电流的脉冲形状,研究工作状态,记录三种状态下的信号源输出电压值,并测试在这三种状态下的效率,填入表3.7。

表3.7 激励电压对工作状态影响($V_{CC} = 12.0$ V,$R_L = 150$ Ω)

状态	欠压	临界	过压
$U_i(V_{p-p})$			
$U_o(V_{p-p})$			

4. 研究负载特性对工作状态的影响

在临界状态下($R_L = 150\ \Omega$,高频信号源输出幅度为步骤 3 中临界状态下信号源输出幅度),示波器接于测试点,观察集电极电流的脉冲形状,改变负载电阻,研究工作状态,记录三种状态下的信号源输出电压值,并测量在这三种状态下的效率,填入表 3.8。

表 3.8   负载特性对工作状态影响($V_{CC} = 12.0\ V$)

状态	欠压	临界	过压
$R_L(\Omega)$		150	
$U_O(V_{p-p})$			
电源输出电流 I_{CO}			
电源输出功率 $P_=$			
输出功率 P_O			
集电极效率 η			

5. 研究电源电压对工作状态的影响(要求电源电压不大于 12 V)

在临界状态下($R_L = 150\ \Omega$,高频信号源输出幅度为步骤 3 中临界状态下信号源输出幅度),示波器接于测试点,观察集电极电流的脉冲形状,改变电源电压,研究工作状态,记录三种状态下的电源电压和输出电压值,填入表 3.9。

表 3.9   电源电压对工作状态影响($R_L = 150\ \Omega$)

$V_{CC}(V)$			
工作状态			
$U_O(V_{p-p})$			

3.2.6   实验预习要求

1. 预习实验相关原理,掌握电路参数的设计,明确电路调试方法。

2. 撰写实验预习报告:

(1)实验目的;

(2)实验原理及电路;

（3）实验内容及要求；

（4）实验步骤；

（5）回答预习思考题。

3.阅读高频电子仪器使用说明。

4.预习思考题：

（1）如何验证功率放大器处于丙类？

（2）如何调节功率放大器工作在临界状态？

3.2.7　实验报告要求

撰写实验报告的要求如下：

（1）实验数据处理；

（2）实验结果分析；

（3）实验总结，包含实验结论及实验心得。

3.3　LC 振荡器与晶体振荡器的设计

3.3.1　实验目的

1.通过本实验，加深对 LC 三点式正弦波振荡器和晶体振荡器工作原理及特点的理解。

2.熟悉和掌握克拉泼振荡器、西勒振荡器和晶体振荡器的设计及调试方法。

3.3.2　实验原理及电路

1.基本原理

正弦波振荡电路是高频电路中最常用的功能电路，振荡器是一种不需要输入信号控制，能自动将直流电源的能量转换为具有一定波形、一定频率的交变能量的电路。在众多类型的振荡电路中，LC 三点式正弦波振荡器是目前应用最广泛的振荡电路。振荡电路由谐振放大器和正反馈网络构成，LC 振荡器振荡应满足起振条件和平衡条件。

振荡的建立与振荡器的起振条件：

$$A_0 F > 1 \qquad\qquad (3-9)$$

$$\varphi_A + \varphi_F = 2n\pi \ (n = 0, 1, 2, \cdots, n) \qquad\qquad (3-10)$$

式中，A_0为当电源接通时的电压增益。

式(3-9)是起振的振幅条件，其物理意义是振荡为增幅振荡。即振荡从弱小电压能够经过多次反馈后增大，说明自激振荡能够建立起来。式(3-10)是起振的相位条件，其物理意义是振荡器闭环相位差为零，即为正反馈。正反馈加增幅振荡就能保证振荡能建立起来。

振荡的建立与振荡器的起振条件为

$$AF = 1 \qquad\qquad (3-11)$$

$$\varphi_A + \varphi_F = 2n\pi \ (n = 0,1,2,\cdots,n) \qquad\qquad (3-12)$$

式(3-11)被称为振幅平衡条件，其物理意义是振荡为等幅振荡。式(3-12)被称为相位平衡条件，其物理意义是振荡器闭环相位差为零，即为正反馈。

振荡器有一个LC并联谐振回路，由于其选频作用，所以使振荡器只有在某一频率时才能满足振荡条件，于是得到单一频率的振荡信号。在三点式振荡电路中，LC选频网络应和晶体管的三个极分别相连，根据电路结构不同分为电容三点式和电感三点式。目前电容三点式振荡器应用比较广泛，其中应用较多的是改进型的电容三点式振荡器，即"克拉泼振荡器"和"西勒振荡器"。若用石英晶体作为振荡回路元件，则构成晶体振荡器。

(1)克拉泼振荡电路原理

图3.4所示为克拉泼振荡电路，与普通电容三点式振荡器的最明显的区别是在LC谐振回路中串入了电容C_3，由于C_3较小，所以它可以有效地减小振荡管极间电容的变化而引起的振荡频率的变化，能有效地提高振荡器的频率稳定度。由于$C_3 \ll C_1$，$C_3 \ll C_2$则回路的谐振频率主要C_3决定，即振荡器的振荡频率为

$$f_0 \approx \frac{1}{\sqrt{LC_3}} \qquad\qquad (3-13)$$

(2)西勒振荡电路原理

图3.5为西勒振荡器原理图，西勒振荡电路与克拉泼振荡电路的形式与频率稳定度基本相同，只是在回路的电感两端并联一个可变电容C_4。因此工作频率主要由C_3，C_4和L的并联谐振频率决定，振荡频率为

$$f_0 \approx \frac{1}{2\pi\sqrt{L(C_3 + C_4)}} \qquad\qquad (3-14)$$

调节电容C_4就可调节振荡频率。

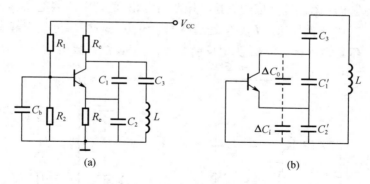

图 3.4　克拉泼振荡电路及等效电路

（a）克拉泼振荡电路；（b）等效电路

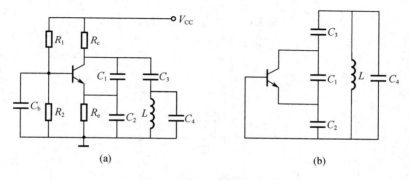

图 3.5　西勒振荡电路及等效电路

（a）西勒振荡电路；（b）等效电路

（3）晶体振荡电路原理

图 3.6 所示为一种典型的晶体振荡器电路,晶体连接在集电极与基极之间,构成并联型晶体振荡器。当振荡器的振荡频率在晶体的串联谐振频率和并联谐振频率之间时,晶体呈感性,该电路满足三点式振荡器的组成原则,为电容三点式振荡器。需要注意的是石英晶体谐振器的标称频率都是在出厂前,在石英晶体谐振器上并接一定负载电容条件下测定的,实际使用时外加负载电容要与晶体的负载电容相匹配。因此在实际电路中可以在晶体的支路上串接一个可变电容,经微调后获得标称频率。

2. 实验电路

正弦波振荡器实验总电路原理图如图 3.7 所示,图 3.8、图 3.9、图 3.10 分别是基于实验总电路图连接完成的克拉泼振荡器电路、西勒振荡器电路、晶体振荡器电路。图 3.7 中,电路中 R_{p1}, R_1, R_2 是基极偏置电阻,调整 R_{p1} 可改变静态工作点,R_4 为发射极偏置电阻,C_3 和 C_4 决定反馈系数,一般反馈系数 F 取 $0.1 \sim 0.5$。

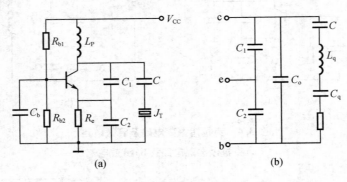

图 3.6   晶体振荡器原理图

(a)晶体振荡器电路;(b)等效电路

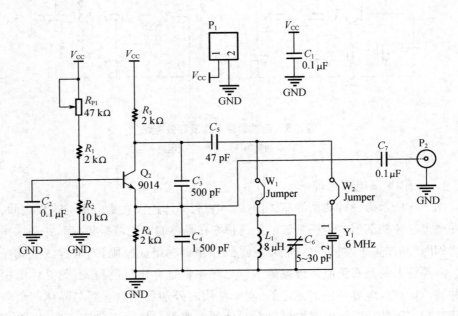

图 3.7   正弦波振荡器实验板电路原理图

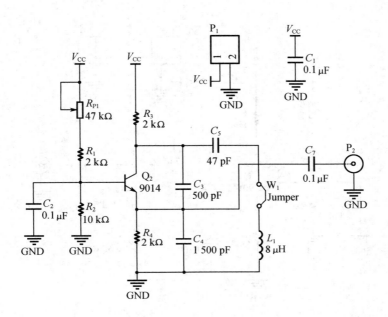

图3.8   克拉泼振荡器电路图

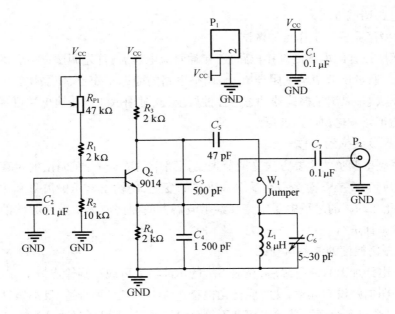

图3.9   西勒振荡器电路图

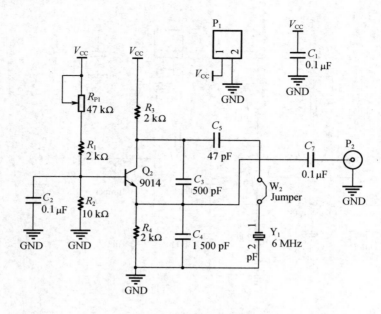

图 3.10　晶体振荡器电路图

3. 电路调试方法

（1）振荡器静态工作点的调试

按照所设计的电路图焊接电路板,接通直流电源后,首先调试三极管的静态工作点,可以通过调节滑动变阻器 R_{p1} 来调整电路的静态工作点,使晶体管工作在合适的工作状态,以满足振荡器动态特性的要求,此时用示波器在输出端可观察到有不失真的正弦波输出电压波形。

（2）振荡频率的调整与测试

振荡频率调整的主要方法是调节振荡回路中的 L 或 C,在调试的过程中应注意过大的调节 L 或 C 时会引起反馈系数 F 的变化,使输出电压的波形和幅度发生变化,因此在调试的过程中要始终观察示波器上的振荡波形。振荡频率的测量使用数字频率计进行。

（3）振荡幅度的调整与测试

振荡电路加上直流电源后,在输出端的示波器上可观察到输出波形,若无振荡波形则说明电路没有起振,此时应首先检查直流工作点是否合适,反馈极性是否正确,反馈系数是否合适。若输出幅度不符合设计要求,则可通过改变静态工作点和反馈系数来调整。

（3）振荡器频率稳定度的测试

振荡电路经过以上调整，且波形、频率和幅度均达到设计要求后，即可测量振荡器的频率稳定度，一般测量其短期稳定度，例如测量半小时的稳定度，用数字频率计每 3 min 测量一次，共测量 10 次，用 10 次的平均值作为 f_0 求出相对变化量，然后计算出振荡器 30 min 的频率稳定度 $\dfrac{\Delta f_{\max}}{f_0}$。

3.3.3　实验器材

1. 实验仪器

实验仪器如表 3.10 所示。

表 3.10　实验仪器清单

序号	型号	数量	说明
1	DP832	1 台	数字可编程直流稳压电源
2	DS1104Z	1 台	数字示波器
3	NFC－1000C－1	1 台	频率计
4	QBG－3D	1 台	高频 Q 表（共用）
5	万用表	1 块	自备

2. 实验材料

实验仪器如表 3.11 所示。

表 3.11　实验材料清单

序号	型号	数量	说明
1	印制万用板	1 块	正弦波振荡器实验板
2	NXO－100	1 个	绕制振荡电感
3	9014	1 个	
4	6 MHz 晶体	1 个	
5	5－30 pF 可调电容	1 个	
6	100 k 电位器	1 个	

表 3.11（续）

序号	型号	数量	说明
7	碳膜电阻	若干	自取
8	瓷片电容	若干	自取
9	导线、焊锡	若干	自取

3.4.7　实验内容及要求

1. 技术指标要求

（1）振荡频率

$$f_0 = 6 \text{ MHz}$$

（2）频率稳定度

$$\frac{\Delta f_{max}}{f_0} \text{要优于} 1 \times 10^{-4}$$

（3）振荡幅度

$$U_{Om} \geqslant 0.2 \text{ V}$$

2. 在印制电路板上焊接电路,制作一个克拉泼振荡器进行静态工作点调试和动态调试,使振荡频率、频率稳定度和振荡幅度符合设计要求。

3. 改变反馈电容的大小,研究反馈系数对振荡波形的影响。

4. 在克拉泼振荡电路的基础上进行电路修改,制作一个西勒振荡器,并测出其频率范围和频率稳定度。

5. 在克拉泼振荡电路的基础上进行电路修改,制作一个晶体振荡器,并测出其振荡频率和振荡幅度。

3.3.5　实验步骤

1. 电感的绕制及测量

要求:均匀绕 11 圈左右,测量电感量和 Q 值。

指标要求:$Q \geqslant 100$,电感量约为 10 μH。

2. 焊接、调试克拉泼振荡器

（1）焊接实验电路。

（2）调整静态工作点使输出波形满足技术指标要求。测试数据填入表 3.12。

表 3.12 静态工作点的测试数据

实测值			由实测值计算		判断三极管 Q_1 是否工作在放大状态
U_{BQ}/V	U_{EQ}/V	U_{CQ}/V	I_{CQ}/mA	U_{CEQ}/V	是/否

(3)测量输出电压幅度 U_{Om} 和频率稳定度

① $U_{Om} = $

②频率稳定度测量记录入表 3.13。

表 3.13 频率稳定度测量表格

f_0/MHz	f_{01}	f_{02}	f_{03}	f_{04}	f_{05}	f_{06}	f_{07}	f_{08}	f_{09}	f_{10}
f_0 测量值										
f_0 平均值										
Δf										
$\Delta f_{max}/f_0$										

3. 焊接、调试西勒振荡器

(1)焊接实验电路。

(2)调整静态工作点使输出波形满足技术指标要求。测试数据记入表 3.14。

表 3.14 静态工作点的测试数据

实测值			由实测值计算		判断三极管 Q_1 是否工作在放大状态
U_{BQ}/V	U_{EQ}/V	U_{CQ}/V	I_{CQ}/mA	U_{CEQ}/V	是/否

(3)测量输出电压幅度 U_{Om} 和频率稳定度

① $U_{Om} = $

②频率稳定度测量记录入表 3.15。

表 3.15　频率稳定度测量表格

f_0/MHz	f_{01}	f_{02}	f_{03}	f_{04}	f_{05}	f_{06}	f_{07}	f_{08}	f_{09}	f_{10}
f_0 测量值										
f_0 平均值										
Δf										
$\Delta f_{max}/f_0$										

(4)记录输出频率范围

4. 焊接、调试晶体振荡器

(1)焊接实验电路。

(2)调整静态工作点使输出波形满足技术指标要求。测试数据记入表 3.16。

表 3.16　静态工作点的测试数据

实测值			由实测值计算		判断三极管 Q_1 是否工作在放大状态
U_{BQ}/V	U_{EQ}/V	U_{CQ}/V	I_{CQ}/mA	U_{CEQ}/V	是/否

(3)测量输出频率和电压幅度 U_{Om}。

① $f_o =$

② $U_{Om} =$

3.3.6　实验预习要求

1. 预习实验相关原理,掌握电路参数的设计,明确电路调试方法。

2. 撰写实验预习报告:

(1)实验目的;

(2)实验原理及电路;

(3)实验内容及要求;

(4)实验步骤;

(5)回答预习思考题。

3. 阅读高频电子仪器使用说明。

4. 预习思考题：

（1）如果电路不起振，是什么原因，应怎样调试？

（2）为了提高振荡器的输出幅度，除了增加振荡管的工作电流外，还可以调试哪些元件？

3.3.7　实验报告要求

撰写实验报告要求如下：

（1）实验数据处理；

（2）实验结果分析；

（3）实验总结，包含实验结论及实验心得。

3.4　振幅调制与解调电路的研究

3.4.1　实验目的

1. 熟悉集成模拟乘法器 MC1496 的电路组成和基本工作原理，能够正确使用 MC1496 构成调幅电路，实现普通调幅和双边带调幅。

2. 研究已调波与两个输入信号的关系，掌握调幅指数的测试方法。

3. 通过实验熟悉大信号检波器的电路组成和工作原理。

4. 掌握检波器技术指标的测试方法，研究电路参数对检波特性的影响。

3.4.2　实验原理及电路

1. 基本原理

（1）集成模拟乘法器 MC1496 芯片介绍

集成模拟乘法器是完成两个模拟量（电压或电流）相乘的电子器件，它是一个多用途的器件，不仅用于模拟信号的运算，而且已经应用到频谱变换的各种电路中。MC1496 是双平衡四象限模拟乘法器，其内部电路如图 3.11 所示。T_1，T_2 与 T_3，T_4 组成双差分放大器，T_5，T_6 组成单差分放大器用于激励 $T_1 \sim T_4$，T_7，T_8 及其偏置电路构成恒流源电路。引脚 8 和 10 接输入电压 u_x，引脚 1 和 4 接另一输入电压 u_y，输出电压从引脚 6 和 12 输出。引脚 2 和 3 外接电阻可调节乘法器的信号增益，扩展输入电压的动态范围。引脚 5 外接电阻，用来调节恒流源电流。引脚 14 在双电源供电时为负电源端，在单电源供电时为接地端。

（2）MC1496 电路原理图

由 MC1496 构成的振幅调制电路如图 3.12 所示，载波信号由芯片的引脚 8 和

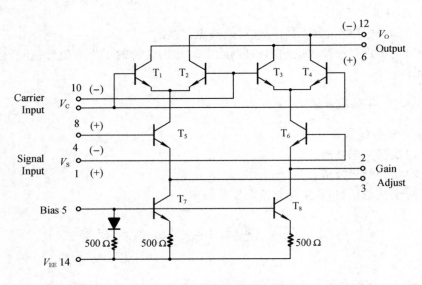

图 3.11   MC1496 内部电路图

10 输入,调制信号由引脚 1 和 4 输入,引脚 6 接带通滤波器,带通滤波器的中心频率应与载波的频率相同。偏置电阻 R_B 使 $I_0 = 2$ mA;R_1 和 R_2 电阻分压给 8 端和 10 端提供直流偏压,8 端为交流地电位;51 Ω 电阻为与传输电缆特性阻抗匹配;两只 10 kΩ 电阻与 R_p 构成的电路,用来对载波信号调零。

①平衡调幅输出(DSB 调幅波)

实验中通过调节 R_p 使引脚 1,4 两端的直流电位差为零,那么 1,4 两端输入的调制信号为 $u_{\Omega m} = U_{\Omega m}\cos\Omega t$;引脚 8,10 两端输入的载波信号为 $u_c = U_{cm}\cos\omega_c t$,载波信号和调制信号相乘的结果为平衡调幅信号:

$$u_o(t) = Ku_c u_\Omega = KU_{cm}U_{\Omega m}\cos\omega_c \cos\Omega t$$

$$= \frac{1}{2}KU_{cm}U_{\Omega M}[\cos(\omega_c + \Omega)t + \cos(\omega_c - \Omega)t] \qquad (3-15)$$

②普通调幅输出(AM 调幅波)

实验中通过调节 R_p 使引脚 1,4 两端的直流电位差不为零,那么相当于 1,4 两端输入的调制信号为 $u_{\Omega m} = V_{直流} + U_{\Omega m}\cos\Omega t$;引脚 8,10 两端输入的载波信号为 $u_c = U_{cm}\cos\omega_c t$,载波信号和调制信号相乘的结果为普通调幅波信号:

$$u_o(t) = Ku_c u_\Omega = KU_c\cos\omega_c t(V_{直流} + U_\Omega\cos\Omega t)$$

$$= KV_{直流}U_c\cos\omega_c t + \frac{1}{2}KU_c U_\Omega[\cos(\omega_c + \Omega)t + \cos(\omega_c - \Omega)t] \qquad (3-16)$$

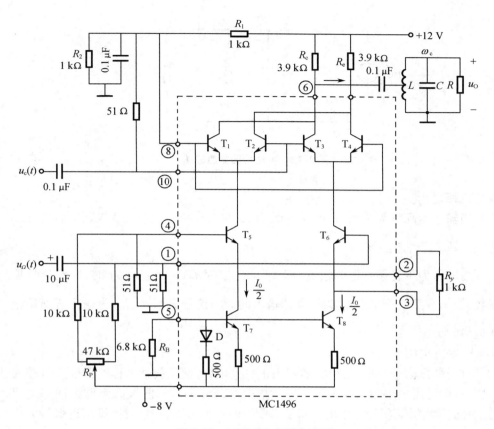

图 3.12 MC1496 应用电路图

（3）大信号包络检波器原理

调幅波的解调即是从调幅信号中取出调制信号的过程,通常称之为检波。调幅波解调方法有二极管包络检波器、同步检波器,本实验任务主要为研究大信号包络检波器。

图 3.13 所示为大信号二极管峰值包络检波器电路,它是由信号源、二极管和 RC 低通滤波器和负载组成。适用于解调普通调幅波,输入信号振幅大于 0.5 V,利用二极管正向导通时对电容 C 充电,反向截止时,电容 C 上电压对电阻 R 放电这一特性实现检波。

①性能指标

a. 检波效率（电压传输系数 K_d）

检波效率或电压传输系数 K_d 等于输出低频电压的振幅与输入高频电压包络

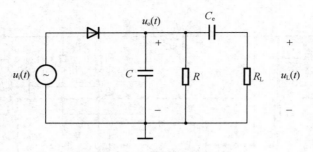

图 3.13　包络检波器原理图

线的振幅之比。

当输入为高频等幅波时，即 $u_i = U_{im}\cos\omega_i t$ 时，检波输出为直流电压 U_O，则电压传输系数 $K_d = \dfrac{U_o}{U_{im}}$。

当输入为单音频普通调幅波，即 $u_i = U_{im}(1 + m_a\cos\Omega t)\cos\omega_i t$ 时，则电压传输系数 $K_d = \dfrac{U_{\Omega m}}{m_a U_{im}}$。其中，$U_{\Omega m}$ 为检波器输出的低频信号振幅，$m_a U_{im}$ 为输入普通调幅波包络的振幅。

b. 输入电阻 R_i

对于高频信号源来说，检波器相当于一个负载，此负载就是检波器的等效输入阻抗，一般可用电阻和电容表示。通常把电容部分都计入前级高频谐振回路电容内，因此只考虑等输入电阻 R_i。如果二极管的耗损可以忽略不计，则可近似认为检波器的输入电阻 $R_i = \dfrac{1}{2}R$。

②检波失真

a. 惰性失真

检波器的低通滤波器 RC 的数值对检波器的特性有较大影响。电阻 R 越大，检波器的电压传输系数 K_d 越大，等效输入电阻 R_i 越大，但是随着负载电阻 R 的增大，RC 电路的时间常数将增大，就有可能产生惰性失真。为了克服这种失真就要满足

$$RC\Omega_{max} \leqslant \frac{\sqrt{1 - m_a{}^2}}{m_a}$$

b. 负峰切割失真

为了将调制信号传送到负载 R_L 上，采用了隔直电容 C_C 来实现，由于交直流负载电阻的不同，有可能产生负峰切割失真。为了避免负峰切割失真，应满足

$$m_a \leqslant \frac{R_L}{R+R_L} = \frac{R_\Omega}{R}$$

式中，$R_\Omega = \dfrac{RR_L}{R+R_L}$。

(4)降低负峰切割失真的包络检波器原理图

原理图如图 3.14 所示。

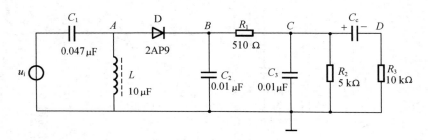

图 3.14   包络检波器实验电路图

因信号源、二极管 D 与负载电阻 R 串联故称为串联检波器。电路中直流负载电阻

$$R_L = R_1 + R_2 = 5.51\ \text{k}\Omega$$

交流负载电阻

$$R_\Omega = R_1 + \frac{R_2 R_3}{R_2 + R_3} = 3.84\ \text{k}\Omega$$

从上式可以看出 R_1 越大，交、直流电阻差别就越小，负峰切割失真就不易产生。但是 R_1 与 R_2 的分压作用，使输出电压减小，因此兼顾二者，$R_1 = (0.1 \sim 0.2)R_2$。为了提高检波器的高频率波能力，在电路中的 R_2 上并接了电容 $C_3 = C_2 = 0.01\ \mu\text{F}$。为了避免对输出低频信号产生分压，$C_c$ 取 10 μF。

2. 实验电路

(1)振幅调制部分

振幅调制实验原理图如图 3.15 所示。P_{13} 为载波输入接口，P_{15} 为音频信号输入接口。模拟乘法器的输出采用变压器 T_1 将双端信号转变为单端输出，可提高调幅信号的平衡性。C_{27}，C_{26}，T_1 初级调谐于载波中心频率。跳线 P_5 和 P_6 在短路时，可增大引脚 1 和 4 的直流电压差，可增大调幅指数。

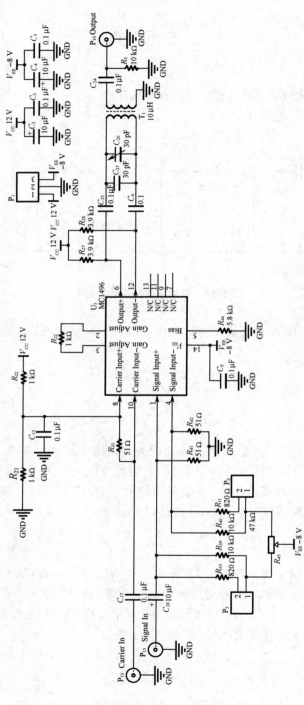

图3.15　MC1496振幅调制实验电路图

2. 振幅解调部分

振幅解调实验原理图如图 3.16 所示。在无失真解调调幅信号时，P_3 选择 R_2，P_4 选择 R_{14}，P_7 选择 R_9。在观看惰性失真时，P_4 选择 R_8；在观察负峰切割失真时，P_7 选择 R_7。

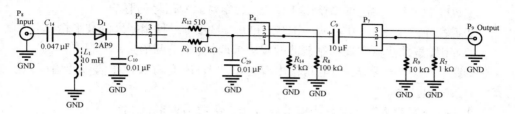

图 3.16 大信号包络检波器实验电路图

3.4.3 实验器材

1. 实验仪器

实验仪器见表 3.17。

表 3.17 实验仪器清单

序号	型号	数量	说明
1	DP832	1 台	数字可编程直流稳压电源
2	DG4102	1 台	函数/任意波形发生器
3	DS1104Z	1 台	数字示波器
4	万用表	1 块	自备

2. 实验材料

实验材料见表 3.18

表 3.18 实验材料清单

序号	型号	数量	说明
1	实验电路板	1 块	振幅调制与解调实验板

3.4.4 实验内容及要求

1. 幅调制部分

（1）用模拟乘法器实现普通调幅

①改变载波信号幅度或调制信号幅度,观察对调幅信号的影响。

②观察并记录 $m_a = 30\%$, $m_a = 100\%$ 和 $m_a = 300\%$ 三种调制度的波形情况。

（2）用模拟乘法器实现抑制载波的双边带调幅（平衡调幅）

①调节滑动变阻器 R_{45} 使电路输出双边带波形;改变输入音频信号的幅度,观察并记录输出波形。

②比较分析双边带调幅与调幅指数 $m_a = 100\%$ 的调幅波波形。

2. 振幅解调部分

（1）技术指标

调幅信号载频 $f_c = 1$ MHz;

调制信号频率 $F = 500$ Hz ~ 1 kHz;

调幅指数 $m_a = 0.3 \sim 0.5$;

检波器负载 $R_L = 10$ kΩ。

（2）实验内容

①分别测试检波器在输入等幅波和 AM 波时的电压传输系数,并画出检波器的输出波形。

②改变电路参数使输出波形产生惰性失真,画出波形,并分析产生失真的原因。

③改变电路参数使输出波形产生负峰切割失真,画出波形,并分析产生失真的原因。

3.4.5 实验步骤

1. 调制电路的研究

（1）如图 3.17 所示,正确连接 + 12 V, - 8 V 直流电源。

（2）静态工作点调整。调节滑动变阻器 R_{45},使 1,4 引脚电位差为 0 V,然后用万用表测量 MC1496 各管脚直流电位(见表 3.19)。(注:此时跳线 P_5,P_6 连接)

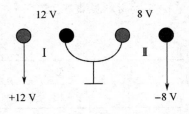

图 3.17　电源连接示意图

表 3.19 MC1496 静态工作点测量表

引脚	1	2	3	4	5	6	7
参考值/V	0	− 0.7	− 0.7	0	− 6.8	8.2	—
测量值/V							
引脚	8	9	10	11	12	13	14
参考值/V	6	—	6	—	8.2	—	− 8
测量值/V							

（3）逐点法测量带通滤波器中心频率。将电路板中调制电路和解调电路之间的连接断开。在载波输入端加入峰值为 100 ~ 300 mV，频率为 2 ~ 6 MHz 的正弦信号（步进为 100 kHz），用示波器测量输出端波形，记录数据（f_o = ）。

注意 此时需要调整滑动变阻器 R_{45}，使 MC1496 引脚 1,4 直流电位差最大。

（4）实现普通调幅波。将信号源输出的高频信号（载波信号）频率调到滤波器的中心频率，用示波器测量幅度 200 mV 左右，加入载波输入端，然后加入低频信号（调制信号），调制信号在加入前也要在示波器上观察，频率调至 1 kHz，幅度合适（300 mV），波形不失真。用示波器测量输出波形，观察并记录 $m_a = 30\%$、$m_a = 100\%$、$m_a = 300\%$ 的波形，分别记录以下数据：

①U_{Cm} = （ ）；$U_{\Omega m}$ = （ ）。

②m_a = （ ）；U_{14} = （ ）。

（5）实现双边带调幅波。调节滑动变阻器 R_{47} 使输出双边带波形，改变载波幅度 U_{cm} 和调制信号幅度 $U_{\Omega m}$，研究影响波形的因素。

注：此时跳线 P_5、P_6 断开。

分别记录以下数据：

①U_{cm} = （ ）；$U_{\Omega m}$ = （ ）。

②U_{14} = （ ）。

2. 解调电路的研究

（1）将信号源输出的高频信号（等幅波）加入检波器输入端，测试其输出电压和电压传输系数。记录以下数据：

输入等幅波时，U_{im} = U_o = K_d = （ ）。

（2）将信号源输出的调幅信号加入检波器输入端，测试其输出电压和电压传输系数。记录以下数据：

输入调幅波时，$m_a U_{im}$ = $U_{\Omega m}$ = K_d = （ ）。

(3)惰性失真研究。记录产生惰性失真时的电路参数,并画下波形。

(4)负峰切割失真研究。记录产生负峰切割失真时的电路参数,并画下波形。

3.4.6　实验预习要求

1. 预习实验相关原理,掌握电路参数的设计,明确电路调试方法。

2. 撰写实验预习报告:

(1)实验目的;

(2)实验原理及电路;

(3)实验内容及要求;

(4)实验步骤;

(5)回答预习思考题。

3. 阅读高频电子仪器使用说明。

4. 预习思考题:

(1)研究振幅调制电路时,如何区分调制波形是 100% 普通波和平衡调幅波形?

(2)研究振幅解调电路时,当输入信号为高频等幅波时,在电路的什么位置测量输出,使用什么仪器? 当输入信号为普通调幅波时,在电路的什么位置测量输出,使用什么仪器?

(3)研究振幅解调电路时,不改变电路参数,只改变输入的 *AM* 波形能否产生惰性失真和负峰切割失真,分析原因。

3.4.7　实验报告要求

撰写实验报告的要求如下:

(1)实验数据处理;

(2)实验结果分析;

(3)实验总结,包含实验结论及实验心得。

第4章 通信电子线路 综合设计实验

4.1 调幅发射系统的设计

4.1.1 实验目的

1. 了解一个典型调幅发射机的构成和工作原理。
2. 掌握幅度调制、功率放大器的原理及设计与调试。
3. 掌握调幅发射机技术指标的定义及测试方法。
4. 掌握系统设计和调试技能,培养综合工程能力。

4.1.2 实验原理及电路

1. 基本原理

(1)调幅发射系统总体设计

图4.1为调幅发射系统的基本组成框图,表示的是直接调幅发射机。本实验项目主要研究直接调幅发射系统,电路总体原理图如附录 A 所示。

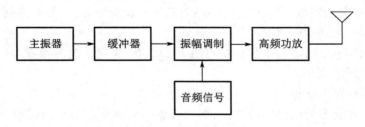

图4.1 直接调幅发射系统组成框图

调幅发射机是利用振幅调制器将音频信号加入到主振器产生的高频载波信号中,去控制高频载波的幅度,再经过高频功放将已调信号进行功率放大,最后由天线将信号辐射到空间进行传播的。

（2）单元电路设计

①主振器及缓冲器电路设计

主振器有多种电路实现形式,如 *LC* 三点式正弦波振荡器、石英晶体振荡器等,由于系统要求有较高的频率稳定度,因此选用石英晶体振荡器来实现,缓冲器采用射极跟随器,避免负载对主振器特性的影响。主振器及缓冲器电路如图 4.2 所示。

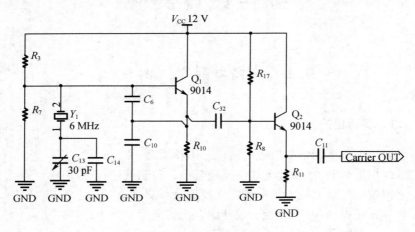

图 4.2　主振器及缓冲器电路

图 4.2 中,Q_1 为振荡级,电路形式为共集极组态考毕兹型石英振荡电路,Q_2 为缓冲级,缓冲器的负载为 50 Ω 电阻。

振荡级中,Q_1 的静态工作点由电阻 R_3、R_7、R_{10} 决定。振荡器的静态工作电流 I_{CQ} 通常选在 0.5 ~ 4 mA。I_{CQ} 越大,可使输出电压幅度增加,但波形失真会增大;I_{CQ} 偏小,会使振荡器停振。C_6,C_{10},C_{13},C_{14} 为晶体的负载电容,为使晶体能够起振,负载电容范围一般在 10 ~ 30 pF。

缓冲级中,Q_2 的静态工作点由电阻 R_7,R_8,R_{11} 决定。缓冲器静态的设计需要考虑输出电压的大小。

②振幅调制电路设计

振幅调制有多种电路实现形式,如二极管平衡调幅、二极管环形调幅、模拟乘法器调幅、集电极调幅、基极调幅等。本实验中,系统选用模拟乘法器来实现振幅调制,模拟乘法器芯片选用 MC1496。振幅调制电路如图 4.3 所示。

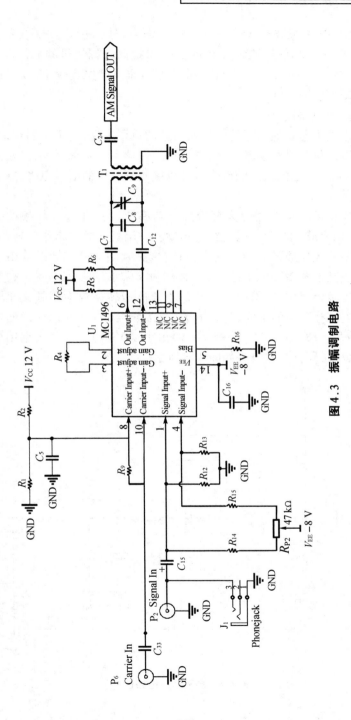

图 4.3　振幅调制电路

图 4.3 中，P_6 为载波输入接口，P_2 为音频信号输入接口。模拟乘法器的输出采用变压器 T_1 将双端信号转变为单端输出，可提高调幅信号的平衡性。C_8，C_9，T_1 初级调谐于载波中心频率。为使模拟乘法器的非线性失真较小，要求载波信号 $\leqslant$ 600 mV_{p-p}，音频信号 $\leqslant 1 V_{p-p}$。

③高频功放电路设计

高频功率放大器是通信系统中发送装置的重要组件，用于发射机的末级，作用是将高频已调波信号进行功率放大，以满足发送功率的要求，然后经过天线将其辐射到空间，保证在一定区域内的接收机可以接收到满意的信号电平，并且不干扰相邻信道的通信。

按其工作频带的宽窄划分为窄带高频功率放大器和宽带高频功率放大器两种，窄带高频功率放大器通常以具有选频滤波作用的选频电路作为输出回路，故又称为调谐功率放大器或谐振功率放大器；宽带高频功率放大器的输出电路则是传输线变压器或其他宽带匹配电路，因此又称为非调谐功率放大器。高频功率放大器是一种能量转换器件，它将电源供给的直流能量转换成为高频交流输出。放大器可以按照电流导通角的不同，分为甲类（导通角 = 360°）、乙类（导通角 = 180°）、甲乙类（导通角 = 180° ~ 360°）、丙类（导通角小于 180°）。本系统选用甲类功率放大器作为末级高频功放，其电路如图 4.4 所示。

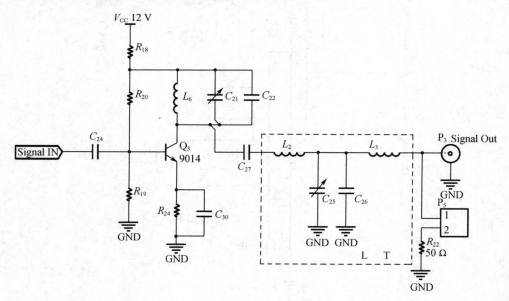

图 4.4   高频功放电路设计

图 4.4 中，Q_3 为高频功放的功率管，其静态由 R_{19}，R_{20}，R_{24} 决定，静态设置需综合考虑负载要求输出的功率大小。L_2，L_3，C_{25}，C_{26} 为匹配网络，其作用是实现滤波和阻抗匹配。L_6 为扼流电感，C_{21}，C_{22} 在实际使用可不焊接。

4.1.3　实验器材

1. 实验仪器

实验仪器见表 4.1。

表 4.1　实验仪器清单

序号	型号	数量	说明
1	DP832	1 台	数字可编程直流稳压电源
2	DG4102	1 台	函数/任意波形发生器
3	DS1104Z	1 台	数字示波器
4	QBG – 3D	1 台	高频 Q 表(共用)
5	数字万用表	1 块	自备

2. 实验材料

实验材料见表 4.2。

表 4.2　实验材料清单

序号	型号	数量	说明
1	印制万用板	1 块	调幅发射系统实验板
2	MC1496	1 片	模拟乘法器
3	NXO – 100	1 个	绕制变压器
4	NXO – 20	1 个	绕制电感
5	9014	3 个	
6	5 ~ 30 pF 可调电容	1 个	
7	47 kΩ 电位器	1 个	
8	6 M 晶体	1 个	
9	碳膜电阻	若干	自取

表 4.2(续)

序号	型号	数量	说明
10	瓷片电容	若干	自取
11	导线、焊锡	若干	自取

4.1.4　实验内容及要求

1. 设计技术指标要求:

(1)载波频率:6 MHz,频率稳定度优于10^{-4}。

(2)功率放大器:发射功率 $P_o \geqslant 30$ mW(在 50 Ω 负载上测量)。

(3)系统整机效率 $\eta \geqslant 10\%$。

(4)在 50 Ω 假负载电阻上测量,输出无失真调幅信号。

2. 根据实验技术指标要求,设计主振器及缓冲器电路、幅度调制电路和高频功放电路参数,并采用电路仿真软件(推荐 Multisim 13.0)仿真、优化电路参数,验证设计,撰写设计报告。

3. 焊接调试电路,并测试电路各项技术指标。

4. 根据调试过程和测试数据,撰写实验报告。

4.1.5　实验步骤

1. 焊接及调试晶体振荡电路,用示波器测量输出波形,记录输出电压大小,用频率计测量输出频率稳定度。测量频率稳定度表格如表 4.3 所示,每间隔 1 min 测量一次。

表 4.3　晶体振荡器频率稳定度测量表格　　　单位:MHz

f_0	f_{01}	f_{02}	f_{03}	f_{04}	f_{05}	f_{06}	f_{07}	f_{08}	f_{09}	f_{10}
测量值										
f_0 平均值										
Δf										
$\Delta f_{max}/f_0$										

2. 焊接缓冲器电路,注意一定要焊接 R_9,R_9 是缓冲器负载电阻,用示波器测量输出波形,记录输出电压大小,缓冲器输出 $\leqslant 600$ mV_{p-p}。

3. 焊接振幅调制电路,先调试静态,在静态工作点正确的基础上,加入射频和音频信号进行动态测试。

（1）调节滑动变阻器 RP1，使 1，4 引脚电位差为 0 V，然后用万用表测量 MC1496 各管脚直流电位，MC1496 各引脚静态电压如表 4.4 所示。

表 4.4　MC1496 各引脚静态电压　　　　　　　　　　单位：V

引脚	1	2	3	4	5	6	7
参考值/V	0	−0.7	−0.7	0	−6.8	8.2	—
测量值/V							
引脚	8	9	10	11	12	13	14
参考值/V	6	—	6	—	8.2	—	−8
测量值/V							

（2）用高频信号源加入音频信号，音频信号频率为 1 kHz，电压峰峰值为 1 V，调节滑动变阻器 R_{p1}，使输出调幅波调幅指数为 30%，记录波形。

4. 焊接调试高频功放，并测量高频功放在 50 Ω 假负载上的输出功率。（注：可用高频信号源加入射频信号，改变信号源的输出频率，以此来检验高频功放的匹配网络设计）

5. 测量系统的整机效率。

6. 系统联调。高频功放输出连接天线，断开 50 Ω 假负载，从耳机接口输入音乐信号，从高频接收平台收听音乐信号。

4.1.6　实验预习要求

1. 预习实验相关原理，掌握电路参数的设计方法，明确电路调试方法。
2. 撰写实验预习报告：
（1）实验目的；
（2）实验原理及电路；
（3）实验内容及要求；
（4）实验电路参数设计；
（5）实验步骤；
（6）回答预习思考题。
3. 阅读高频电子仪器使用说明。

4.预习思考题：

(1)调幅发射系统高频功放电路可以选用丙类功率放大器电路吗,为什么?

(2)调幅发射系统中,调幅指数如何选取?

(3)如何提高系统的整机效率?

4.1.7　实验报告要求

撰写实验报告要求如下：

(1)实验数据处理;

(2)实验结果分析;

(3)实验总结,包含实验结论及实验心得。

4.2　调幅接收系统的设计

4.2.1　实验目的

1.了解一个典型调幅接收机的构成和工作原理。

2.掌握小信号谐振放大器、包络检波器的原理及设计与调试。

3.掌握调幅接收机技术指标的定义及测试方法。

4.掌握系统设计和调试技能,培养综合工程能力。

4.2.2　实验原理及电路

1.调幅接收系统总体设计

图4.5为调幅接收系统的基本组成框图,表示的是直接调幅接收机的系统组成。本实验项目主要研究直接调幅接收系统,电路总体原理图如附录 B 所示。

图4.5　直接调幅接收系统组成框图

天线接收到的射频信号经过小信号谐振放大器选频放大,滤除带外信号,然后经过包络检波器解调出音频信号,再经过音频功放放大驱动低阻抗喇叭,将音频播放出来。

2. 单元电路设计

（1）小信号谐振放大器电路设计

小信号谐振放大器是高频电子线路中的基本单元电路,是通信机收端的前端电路,主要用于高频小信号或微弱信号的线性放大,常见电路形式有单谐振放大器和双谐振放大器。

单谐振放大器是采用谐振回路为负载的放大器,也被称为谐振放大器,它不仅具有放大的作用,还同时具有滤波的和选频的作用,是小信号放大器的最常用形式。双谐振放大器具有通频带较窄、选择性较好的优点。双调谐回路谐振放大器是将单调谐回路放大器的单调谐回路改用双调谐回路,其原理基本相同。本系统采用单谐振放大器,其电路图如图 4.6 所示。

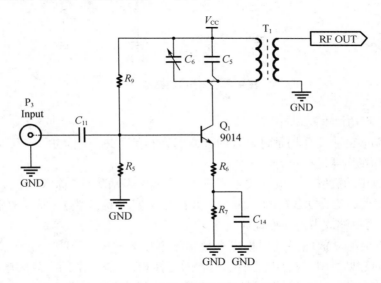

图 4.6 小信号谐振放大器电路

图 4.6 所示电路为共发射极接法的晶体管高频小信号谐振放大器。晶体管的静态工作点由电阻 R_9, R_5, R_6 及 R_7 决定静态电流 I_{CQ}。静态工作电流 I_{CQ} 通常选在 $1 \sim 4$ mA。I_{CQ} 越大,增益越大。C_5, C_6 和变压器 T_1 初级调谐于调幅波的中心频率,变压器 T_1 采用 NXO - 100 的磁环绕制,初级和次级匝数影响调谐回路的 Q 值和增益。

（2）包络检波器电路设计

调幅信号的解调是振幅调制的相反过程,是从高频已调信号中取出调制信号,通常将这种解调称为检波。根据输入的调幅信号的不同特点,检波电路可分为两大类,包络检波和同步检波。

包络检波是指检波器的输出电压直接反映输入高频调幅波包络变化规律的一种检波方式。根据调幅波的波形特点,它适用于普通调幅波的解调。

同步检波主要是用于双边带调幅波和单边带调幅波的检波。

本系统需要解调普通调幅波信号,因此选用包络检波,其电路如图 4.7 所示,电路形式为减小交直流负载差别的检波电路。

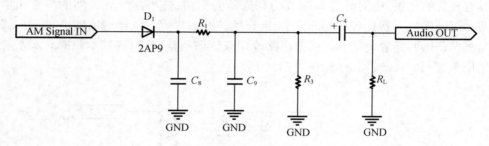

图 4.7   包络检波器电路

(3)音频功放电路设计

音频功放的主要作用是将输入的较微弱音频信号进行放大后,产生足够大的电流去推动扬声器进行声音的重放。

按功放中功放管的导电方式不同,可以分为甲类功放(又称 A 类)、乙类功放(又称 B 类)、甲乙类功放(又称 AB 类)和丁类功放(又称 D 类)。按功放输出级结构,可以分为单端放大器和推挽放大器。

本系统音频功放电路选用集成音频功放芯片 LM386。LM386 是集成 OTL 型功放电路的常见类型,与通用型集成运放的特性相似,是一个三级放大电路:第一级为差分放大电路;第二级为共射放大电路;第三级为准互补输出级功放电路。其电路图如图 4.8 所示。

在 LM386 引脚中,引脚 1 和 8 是增益设定端,内部有 1 个 1.35 kΩ 的负反馈电阻。当引脚 1,8 开路时,负反馈最大,电压放大倍数最小,此时 $A_{umax}=20$;当引脚 1,8 之间接入 10 μF 电容,内部负反馈电阻被交流短路,电压放大倍数最大,为 $A_{umax}=200$;若将 R 与 C 串联后接在引脚 1,8 之间,电阻 R 取值不同可使 A_u 在 20~200 之间调节,R 值越大电压放大倍数越高。引脚 7(BYPASS)外接一个电解电容到地,起滤除噪声的作用。

图 4.8 中,R_{P1} 是音量调节滑动变阻器,R_2、C_{10} 为输入级的低通滤波器,可抑制高频噪声;C_7 是耦合电容,它的作用是隔断直流电压,直流电压过大有可能会损坏

喇叭线圈,它与扬声器负载构成了一阶高通滤波器。

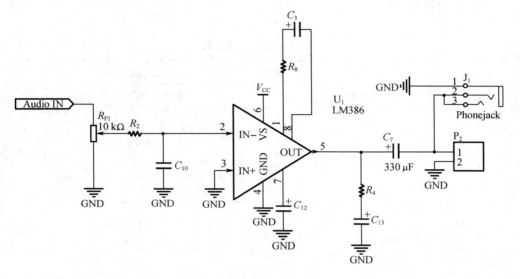

图 4.8　音频功放电路

4.2.3　实验器材

1. 实验仪器

实验仪器见表 4.5。

表 4.5　实验仪器清单

序号	型号	数量	说明
1	DP832	1 台	数字可编程直流稳压电源
2	DG4102	1 台	函数/任意波形发生器
3	DS1104Z	1 台	数字示波器
4	QBG – 3D	1 台	高频 Q 表(共用)
5	数字万用表	1 块	自备

2.实验材料

实验材料见表4.6。

表4.6　实验材料清单

序号	型号	数量	说明
1	印制万用板	1块	调幅接收系统实验板
2	LM386	1片	
3	NXO – 100	1个	绕制变压器
4	9014	1个	
5	2AP9	1个	
6	10 kΩ 电位器	1个	
7	碳膜电阻	若干	自取
8	瓷片电容	若干	自取
9	导线、焊锡	若干	自取

4.2.4　实验内容及要求

1. 设计技术指标要求：

（1）接收机中心频率：6 MHz；

（2）接收机灵敏度：$\geqslant 30 \text{ m}V_{p-p}$；（$m_a = 30\%$，音频信号输出 $U_{op-p} \geqslant 0.5$ V）

（3）接收机通频带 $\leqslant 1$ MHz；

（4）包络检波器解调输出无明显失真；

（5）接收音频信号无明显失真（音频功放后测量）。

2. 根据实验技术指标要求，设计小信号谐振放大器、包络检波器电路参数，并采用电路仿真软件（推荐 Multisim 13.0）仿真、优化电路参数，验证设计，撰写设计报告。

3. 焊接调试电路，并测试电路各项技术指标。

4. 根据调试过程和测试数据，撰写实验报告。

4.2.5　实验步骤

1. 焊接小信号谐振放大器及包络检波器电路（R_{p1} 为包络检波器负载，需要焊接),用高频信号源输出调幅指数为 30%,射频信号频率为 6 MHz,电压峰峰值为 100 mV_{p-p},调制信号频率为 1 kHz,用示波器测量包络检波器解调输出的音频信号,此时,调节可调电容 C_6,使输出音频信号最大。

2. 改变信号源输出射频信号频率,测量在 5~7 MHz 范围内,输出音频信号的幅度,检测小信号谐振放大器是否调谐在 6 MHz。如果未能调谐在 6 MHz,需要根据测量数据改变固定电容 C_5 的大小。

3. 经过步骤 1 和 2 之后,调幅接收机的中心频率为 6 MHz。此时,改变信号源输出射频信号频率,测量在 5~7 MHz 范围内,输出音频信号的幅度,测量接收机的通频带。测量接收机通频带表格如表 4.7 所示。

表 4.7 接收机通频带测量表格

f_0/MHz							
解调输出音频信号电压/V_{p-p}							
f_0/MHz							
解调输出音频信号电压/V_{p-p}							

4. 焊接音频功放电路,测量音频功放在 300 Hz~3.4 kHz 范围内的幅频特性,测量表格如表 4.8 所示。

表 4.8 音频功放幅频特性测量表格

f_0/kHz							
输出音频信号电压/V_{p-p}							
f_0/kHz							
输出音频信号电压/V_{p-p}							

5. 测量接收机灵敏度。

灵敏度定义:在接收机输出端得到额定信号功率和额定信噪比的条件下,接收机天线上所需要的最小的感应电动势。所需要的感应电动势越小,则灵敏度越高,说明接收信号的能力越强。电子设备接收机的灵敏度一般都在微伏数量级。

灵敏度测量方案如下：

(1)设置信号源输出信号(工作频率、调制参数、输出电平值等)；

(2)保持射频、中频增益最大,调节被检设备的音量直至音频信号输出的电平为规定的电平值 U_S。

图 4.9   接收机灵敏度测量方案图

(3)关闭调制信号,从音频毫伏表中读取噪声电平值 U_N。当 U_S、U_N 的单位均为 dBm 时,U_S 与 U_N 之差即为输出信噪比。

(4)调节信号源输出电平,重复(2)(3),直至输出信噪比等于设备的技术要求规定值时为止,此时被检设备输入端电平值即为被检设备在该工作频率上的灵敏度值。

考虑到实验条件限制,本实验约定调幅接收机灵敏度测量方案如下：

(1)设置信号源输出信号(工作频率 =6 MHz,m_a=30%、输出电压 50 mV_{p-p})；

(2)保持射频、中频增益最大,用示波器测量接收机输出音频信号大小,调节信号源输出信号幅度,当接收机输出音频信号幅度为 U_{op-p}=0.5 V,此时射频信号源输出的射频信号大小即为接收机灵敏度。

6. 系统联调。

小信号谐振放大器前端连接天线,从耳机接口连接耳机,收听从高频发射平台发送的音乐信号。

4.2.6   实验预习要求

1. 预习实验相关原理,掌握电路参数的设计方法,明确电路调试方法。

2. 撰写实验预习报告：

(1)实验目的；

(2)实验原理及电路；

(3)实验内容及要求；

(4)实验电路参数设计；

(5)实验步骤；

（6）回答预习思考题。

3. 阅读高频电子仪器使用说明。

4. 预习思考题：

（1）调幅接收系统能接收调频信号吗，为什么？

（2）如何提高接收机的灵敏度？

（3）如何改进接收机结构，并以此实现变频接收？

4.2.7　实验报告要求

撰写实验报告要求如下：

（1）实验数据处理；

（2）实验结果分析；

（3）实验总结，包含实验结论及实验心得。

4.3　调频发射系统的设计

4.4.1　实验目的

1. 了解一个典型调频发射机的构成和工作原理。

2. 掌握频率调制、功率放大器的原理及设计与调试。

3. 掌握调频发射机技术指标的定义及测试方法。

4. 掌握系统设计和调试技能，培养综合工程能力。

4.4.2　实验原理及电路

1. 调频发射系统总体设计

图4.10为调幅发射系统的基本组成框图，表示的是直接调频发射机。本实验项目主要研究直接调频发射系统，电路总体原理图如附录C所示。

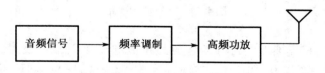

图4.10　直接调频发射系统组成框图

调频发射机是利用音频信号去控制高频载波的振荡频率,使其不失真地反映调制信号变化规律,然后再经过高频功放将已调信号进行功率放大,最后由天线将信号辐射到空间进行传播的。

2. 单元电路设计

(1)频率调制电路设计

实现调频的方法可分为直接调频和间接调频两大类。直接调频是利用调制信号直接控制载波振荡器的振荡频率,使其不失真地反映调制信号变化规律。一般来说,要用调制信号去控制载波振荡器的瞬时频率,也就是用调制信号去控制决定载波振荡器振荡频率的可变电抗元件的电抗值,从而使载波振荡器的瞬时频率按调制信号变化规律线性地改变,这样就能够实现直接调频。可变电抗元件可以采用变容二极管或电抗管电路,目前最常用的是变容二极管。间接调频则是先将调制信号积分,然后通过调相的方法实现调频。

本实验中,系统采用直接调频方式,通过音频信号去改变变容二极管的结电容来实现调频,载波的产生选用西勒振荡器,其电路如图 4.11 所示。

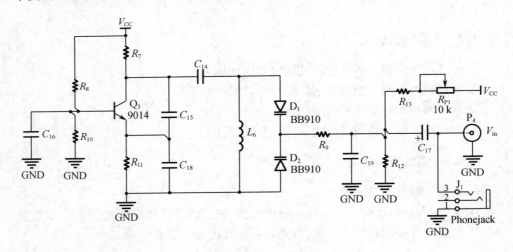

图 4.11 频率调制电路

图 4.11 中,首先不加入调制信号,通过调节电位器 R_{p1} 改变变容二极管的反偏电压,进而改变变容二极管结电容,产生符合要求的载波中心频率,再加入音频信号就可实现调频。

(2)高频功放电路设计

为了提高调频发射机的效率,功率放大器采用两级结构,推动级采用甲类放大,输出级选用丙类高频功率放大器,其电路形式如图 4.12 所示。

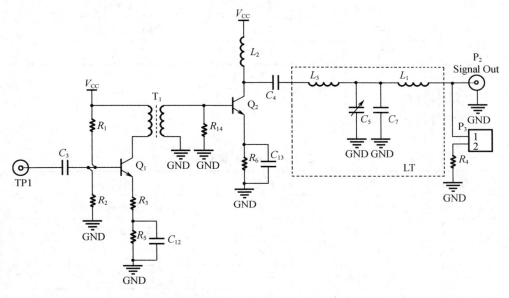

图 4.12 高频功放电路设计

图 4.12 中,Q_1 为推动级,Q_2 为输出级。变压器 T_1 实现级间匹配,L_2,L_3,C_{19},C_{20} 为负载和输出级匹配电路。Q_1 的静态由 R_1,R_2,R_3,R_5 决定。T_1 初级和 L_2 为晶体管 Q_1,Q_2 的集电极扼流电感。负载和输出级匹配电路的设计需根据输出级输入信号和负载需要获取的功率来整体设计。

4.3.3 实验器材

1. 实验仪器

实验仪器见表 4.9。

表 4.9 实验仪器清单

序号	型号	数量	说明
1	DP832	1 台	数字可编程直流稳压电源
2	DG4102	1 台	函数/任意波形发生器
3	DS1104Z	1 台	数字示波器

表4.9（续）

序号	型号	数量	说明
4	QBG - 3D	1 台	高频 Q 表（共用）
5	数字万用表	1 块	自备

2. 实验材料

实验材料见表4.10。

表4.10　实验材料清单

序号	型号	数量	说明
1	印制万用板	1 块	调频发射系统实验板
2	NXO - 100	1 个	绕制变压器
3	9014	1 个	
4	5 - 30 pF 可调电容	1 个	
5	100 kΩ 电位器	1 个	
6	碳膜电阻	若干	自取
7	瓷片电容	若干	自取
8	导线、焊锡	若干	自取

4.3.4　实验内容及要求

1. 设计技术指标要求：

（1）载波频率:6 MHz,频率稳定度优于10^{-3}；

（2）功率放大器: 发射功率 $P_o \geq 30$ mW（在 50 Ω 负载上测量），整机效率$\eta \geq 15\%$；

（3）在 50 Ω 假负载电阻上测量,输出无失真调频信号。

2. 根据实验技术指标要求,设计频率调制电路、低通滤波电路和高频功放电路参数,并采用电路仿真软件（推荐 Multisim 13.0）仿真、优化电路参数,验证设计,撰写设计报告。

3. 焊接调试电路,并测试电路各项技术指标。

4. 根据调试过程和测试数据,撰写实验报告。

4.3.5　实验步骤

1. 焊接及调试频率调制电路

在不加音频信号时,用示波器测量输出波形,调节滑动变阻器 R_{p2},使输出载波信号频率为 6 MHz,记录输出电压大小,用频率计测量输出频率稳定度。测量频率稳定度表格如表 4.11 所示,每间隔 1 min 测量一次。

表 4.11　压控振荡器频率稳定度测量表格　　　　　　单位:MHz

f_0	f_{01}	f_{02}	f_{03}	f_{04}	f_{05}	f_{06}	f_{07}	f_{08}	f_{09}	f_{10}
测量值										
f_0 平均值										
Δf										
$\dfrac{\Delta f_{max}}{f_0}$										

2. 焊接调试高频功放

用高频信号源加入射频信号,射频信号频率为 6 MHz,改变射频信号幅度,测量高频功放的最大不失真输出电压,并测量高频功放的效率。

3. 系统联调

高频功放输出连接天线,断开 50 Ω 假负载,从耳机接口输入音乐信号,从高频接收平台收听音乐信号。

4.3.6　实验预习要求

1. 预习实验相关原理,掌握电路参数的设计方法,明确电路调试方法。

2. 撰写实验预习报告:

(1)实验目的;

(2)实验原理及电路;

(3)实验内容及要求;

(4)实验电路参数设计;

(5)实验步骤;

(6)回答预习思考题。

3. 阅读高频电子仪器使用说明。

4. 预习思考题:

(1)调频发射系统中,调频指数如何选取?

(2)如何提高压控振荡器 MC1496 的频率稳定度?

(3)如何提高系统的整机效率?

4.3.7　实验报告要求

撰写实验报告要求如下:

(1)实验数据处理;

(2)实验结果分析;

(3)实验总结,包含实验结论及实验心得。

4.4　调频接收系统的设计

4.4.1　实验目的

1. 了解一个典型调频接收机的构成和工作原理。

2. 掌握小信号谐振放大器、相位鉴频器的原理及设计与调试。

3. 掌握调频接收机技术指标的定义及测试方法。

4. 掌握系统设计和调试技能,培养综合工程能力。

4.4.2　实验原理及电路

1. 调频接收系统总体设计

图 4.13 为调频接收系统的基本组成框图,表示的是直接调频接收机。本实验项目主要研究直接调频接收系统,电路总体原理图如附录 D 所示。

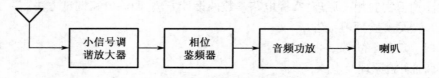

图 4.13　直接调频接收系统组成框图

　　天线接收到的射频信号经过小信号谐振放大器选频放大,滤除带外信号,然后经过相位鉴频器解调出音频信号,再经过音频功放放大驱动低阻抗喇叭,将声音播放出来。

2. 单元电路设计

（1）小信号谐振放大器及相位鉴频器电路设计

调频波解调电路的功能是从调频波中取出原调制信号，也称鉴频器。鉴频器有双失谐回路鉴频器、相位鉴频器、比例鉴频器、相移乘法鉴频器。本系统选用相位鉴频器，其电路如图4.14所示。

天线接收到的信号经过调谐小信号放大器，送入相位鉴频器，L_1，C_7，C_8 和 L_2，C_5，C_4 组成两个调谐回路，都调谐于调频波的中心频率。

L_1 和 L_2 在同一磁环上绕制，L_2 为中心抽头，磁环选择 NXO－100。振幅检波器由二极管 D_1，D_2 和低通滤波器 R_1C_3，R_2C_{10} 组成。调整时，可先在 L_1 两端并接一个 1 kΩ左右的电阻，此时初级可认为是一个宽带电路，先调整次级谐振于中心频率，然后去掉电阻，调整初级谐振于中心频率。

（2）音频功放电路设计

音频功放电路参数设计参考调幅接收机章节音频功放设计部分。其电路如图4.15所示。

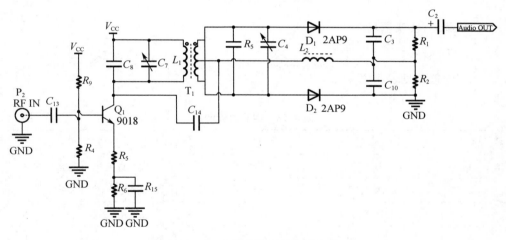

图4.14　小信号谐振放大器电路

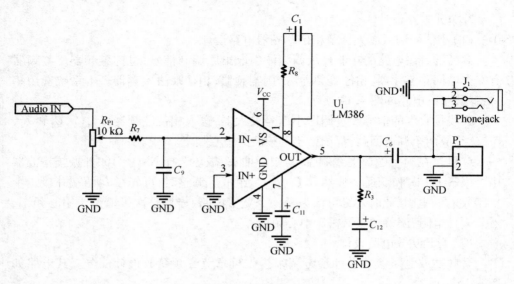

图 4.15　音频功放电路

4.4.3　实验器材

1. 实验仪器

实验仪器见表 4.12。

表 4.12　实验仪器清单

序号	型号	数量	说明
1	DP832	1 台	数字可编程直流稳压电源
2	DG4102	1 台	函数/任意波形发生器
3	DS1104Z	1 台	数字示波器
4	QBG – 3D	1 台	高频 Q 表(共用)
5	数字万用表	1 块	自备

2. 实验材料

实验材料见表 4.13。

表 4.13　实验材料清单

序号	型号	数量	说明
1	印制万用板	1 块	调频接收系统实验板
2	LM386	1 片	
3	NXO – 100	1 个	绕制变压器
4	9014	1 个	
5	5 – 30 pF 可调电容	2 个	
6	10 kΩ 电位器	1 个	
7	碳膜电阻	若干	自取
8	瓷片电容	若干	自取
9	导线、焊锡	若干	自取

4.4.4　实验内容及要求

1. 设计技术指标要求：

（1）载波频率：6 MHz；

（2）接收机灵敏度：$\geq 20\ mV_{p-p}$（$\Delta f_{m} = 50\ kHz$，音频信号输出 $U_{op-p} \geq 0.5\ V$）；

（3）接收机通频带 $\leq 1\ MHz$；

（4）相位鉴频器解调输出无明显失真；

（5）接收音频信号无明显失真（音频功放后测量）。

2. 根据实验技术指标要求，设计小信号谐振放大器、相位鉴频器电路参数，并采用电路仿真软件（推荐 Multisim 13.0）仿真、优化电路参数，验证设计，撰写设计报告。

3. 焊接调试电路，并测试电路各项技术指标。

4. 根据调试过程和测试数据，撰写实验报告。

4.4.5　实验步骤

1. 焊接小信号谐振放大器及相位鉴频器电路（R_{pl} 为相位鉴频器负载，需要焊接），用高频信号源输出调频信号，中心频率为 6 MHz，频偏为 50 kHz，电压峰峰值为 $100\ mV_{p-p}$，调制信号频率为 1 kHz，用示波器测量相位鉴频器解调输出的音频信号，此时，反复调节可调电容 C_7 和 C_4，使输出音频信号最大。

2. 改变信号源输出射频信号频率,测量在 5 ~ 7 MHz 范围内,输出音频信号的幅度,检测小信号谐振放大器是否调谐在 6 MHz。如果未能调谐在 6 MHz,需要根据测量数据改变固定电容 C_8 和 C_5 的大小。

3. 经过步骤 1 和 2 之后,调幅接收机的中心频率为 6 MHz。此时,改变信号源输出射频信号频率,测量在 5 ~ 7 MHz 范围内,输出音频信号的幅度,测量接收机的通频带。测量接收机通频带表格如表 4.14 所示。

表 4.14   接收机通频带测量表格

f_0/MHz								
解调输出音频信号电压/V_{p-p}								
f_0/MHz								
解调输出音频信号电压/V_{p-p}								

4. 焊接音频功放电路,测量音频功放在 300 Hz ~ 3.4 kHz 范围内的幅频特性,测量表格如表 4.15 所示。

表 4.15   音频功放幅频特性测量表格

f_0/kHz								
输出音频信号电压/V_{p-p}								
f_0/kHz								
输出音频信号电压/V_{p-p}								

5. 测量接收机灵敏度。(相关内容请参考调幅接收机灵敏度测量部分)

考虑到实验条件限制,本实验调频接收机约定灵敏度测量方案如下:

(1) 设置信号源输出信号(工作频率 = 6 MHz、频偏为 50 kHz、输出电压50 mV_{p-p});

(2) 保持射频、中频增益最大,用示波器测量接收机输出音频信号大小,调节信号源输出信号幅度,当接收机输出音频信号幅度为 $U_{op-p} = 0.5$ V,此时射频信号源输出的射频信号大小即为接收机灵敏度。

6. 系统联调。小信号谐振放大器前端连接天线,从耳机接口连接耳机,收听从高频发射平台发送的音乐信号。

4.4.6　实验预习要求

1. 预习实验相关原理,掌握电路参数的设计方法,明确电路调试及技术指标测量方法。

2. 撰写实验预习报告:

(1) 实验目的;

(2) 实验原理及电路;

(3) 实验内容及要求;

(4) 实验电路参数设计;

(5) 实验步骤;

(6) 回答预习思考题。

3. 阅读高频电子仪器使用说明。

4. 预习思考题:

(1) 调频接收系统可以接收调幅信号吗,为什么? 怎样改进接收系统,可以避免调频接收系统接收调幅信号?

(2) 如何提高接收机的灵敏度?

(3) 如何改进接收机结构,可实现变频接收?

4.4.7　实验报告要求

撰写实验报告要求如下:

(1) 实验数据处理;

(2) 实验结果分析;

(3) 实验总结,包含实验结论及实验心得。

第 5 章　通信电子线路 Multisim 仿真实验

5.1　小信号谐振放大器仿真实验

5.1.1　实验目的

1. 了解和掌握典型高频小信号单调谐放大器的构成。

2. 了解和掌握谐振放大器幅频特性曲线(谐振曲线)的绘制以及通频带、矩形系数的测量。

3. 研究谐振回路的并联电阻 R 对通频带及选择性的影响。

5.1.2　实验内容及要求

1. 电路仿真设计指标:$f_0 = 6$ MHz;$Q_L \geqslant 50$;电路增益 $A_u \geqslant 30$。

2. 对三极管 2N2222 的静态工作点进行测试,确保其工作在放大区。

3. 通过使用点频法进行谐振电路的幅频特性测试,并通过波特仪进行结果对照观察。

4. 改变谐振电阻的大小,观察其对有载品质因数 Q_L、矩形系数、谐振频率、带宽的影响。

5.1.3　实验步骤

1. 创建实验电路

从元件库中选择使用的元件,选中元件后,双击元件进行元件的参数修改,修改完成后,在元件引脚边双击进行元件的电路连接,放置测试仪器,得到如图 5.1 所示的小信号谐振放大电路,器件及仪器所属库如表 5.1 所示。

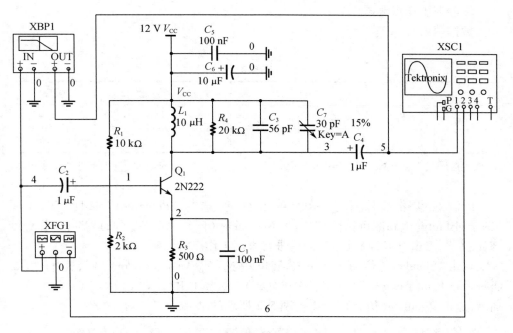

图5.1 小信号谐振放大仿真电路

表5.1 元件库表

元器件及仪器	数量	库
电阻	4	RESISTOR
电感	1	INDUCTOR
电容	3	CAPACITOR
极性电容	3	CAP_ELECTROLIT
2N2222	1	BJT_NPN
信号源	1	Function generator
波特仪	1	Bode Plotter
示波器	1	Tektronix oscilloscope

2.静态工作点测试

数据填入表 5.2。

表 5.2

实测		实测计算		判断是否在放大区		原因
V_B	V_E	I_C	V_{CE}	是	否	

注:放大区满足 $V_{BEQ} = V_{BQ} - V_{EQ} \approx 0.6\text{ V} \sim 0.7\text{ V}$,$V_{CEQ} = V_{CQ} - V_{EQ}$ 应该大于 1 V 且小于电源电压

绘制好电路图后,在显示区单击右键,选择"Properties(属性)",选择 "Sheetvisbility(电路图可见性)"中的"Net names(网络名称)",勾选"Show all(全部显示)",点击"OK"(确认)。随后进行直流工作点的分析。

点击"Simulate(仿真)",下拉菜单中选择"Analyses(分析)",进行"DC Operating Point Analysis"(直流工作点分析)。选择 I(R3)、V(1)、V(2)、V(3),添加后,点击"Sinulate(仿真)"。得到图 5.2 所示的结果。

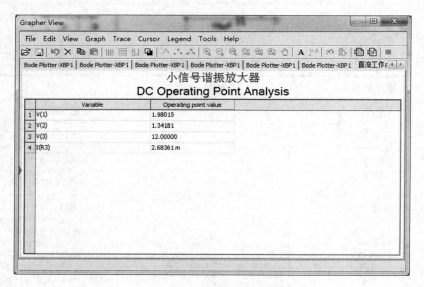

图 5.2 直流工作点分析结果

3. 电路增益

设置信号源的频率为 6 MHz，同时输入信号的幅度为 10 mV。使用示波器观察输出的电压的大小，二者的比值就是电压放大倍数。结果填入表 5.3。

表5.3　电路增益测试

输入电压幅度(V_{ip})	输出电压幅度(V_{op})	电压放大倍数(A_u)

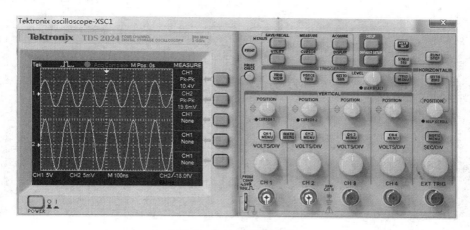

图5.3　交流信号放大结果

4. 幅频特性测试

（1）点频法

通过改变输入信号的频率，测量输出信号的大小，记录数据入表5.4。并且由结果计算出放大电路的矩形系数 $K_{r0.1} = \dfrac{2\Delta f_{0.1}}{2\Delta f_{0.7}} = (\quad)$。并绘制出如图5.4所示的谐振曲线。

表5.4　幅频特性测试

$f/$（MHz）	$f_L0.1$	…	$f_L0.7$	…	f_0	…	$f_H0.7$	…	$f_H0.1$
f									
V_{p-p}									

（2）如图 5.5 设置波特仪参数，观察此时的幅频特性和相频特性。测试出通频带及矩形系数。

5. 谐振阻抗影响

通过改变并联电阻 R_4 的大小，观测谐振回路的选择性和通频带的变化。结果填入表 5.5 中。

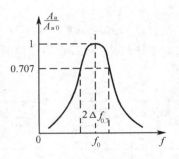

图 5.4 谐振曲线

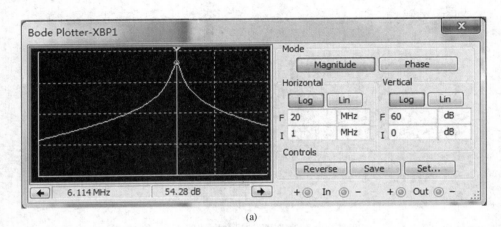

(a)

(b)

图 5.5 小信号谐振放大器幅频特性和相频特性曲线

（a）幅频特性曲线；（b）相频特性曲线

表5.5　谐振阻抗影响测试

R_4 取值	5 kΩ	10 kΩ	20 kΩ	50 kΩ	100 kΩ
放大器是正常放大					
选择性好坏					
通频带好坏					

5.2　丙类功率放大器仿真实验

5.2.1　实验目的

1.通过实验,加深对于高频丙类功率放大器工作原理的理解,了解和掌握丙类谐振功率放大器的构成方法。

2.熟悉丙类功放的工作特点及调整方法。

5.2.2　实验内容及要求

1.电路仿真设计指标:$f_0 = 15$ MHz,效率 $\eta \geqslant 78.5\%$ 。

2.通过示波器观察发射极欠压、临界、过压的余弦脉冲波形。

3.研究基极激励电压对工作状态的影响。

4.研究电源电压对工作状态的影响。

5.2.3　实验步骤

1.创建电路图。

由理论计算参数进行设计,L_3,C_3 为 L 型阻抗匹配网络,实现 50 Ω 负载到功率放大器集电极的匹配。

从元件库中选择使用的元件,选中元件后,双击元件进行元件的参数修改,修改完成后,在元件引脚边双击进行元件的电路连接,放置测试仪器。得到如图5.6的电路,器件及仪器所属库如表5.6所示。

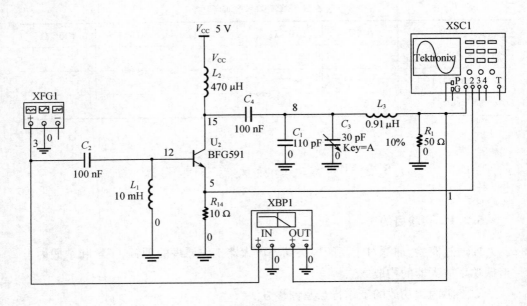

图 5.6　丙类功率放大器仿真电路

表 5.6　元件库表

元器件及仪器	数量	库
电阻	2	RESISTOR
电感	1	INDUCTOR
电容	1	CAPACITOR
极性电容	2	CAP_ELECTROLIT
BFG591	1	BJT_NPN
信号源	1	Function generator
波特仪	1	Bode Plotter
示波器	2	Oscilloscope

2.直流工作点测试

数据填入表5.7,例子见图5.7。

表5.7　直流工作点测试

实测			由实测计算		是否工作在丙类	
V_E	V_B	V_C	I_C	V_{CE}	是	否

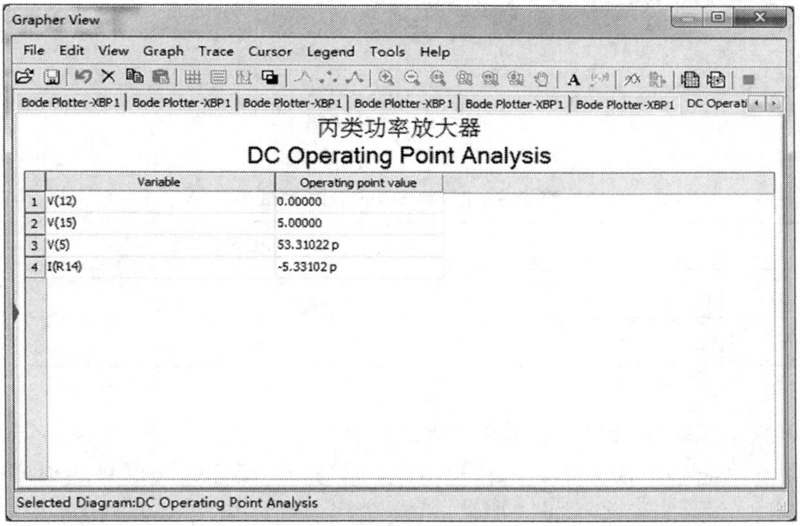

图5.7　直流工作点分析

3.回路调谐

设置信号源的频率为15 MHz、信号幅度为2 V_p,通过调节可调电容来完成调谐。结果如图5.8。

4.研究基极激励电压对工作状态的影响

保证电源电压和输入信号的频率不变,通过改变三极管的基极输入信号 U_{bm} 的幅度,使 U_{bm} 由1 V_p 开始,观测输出端的信号及波形,同时由测试数据绘制出 $U_{bm} - U_o$ 特性曲线。测试数据填入表5.8。

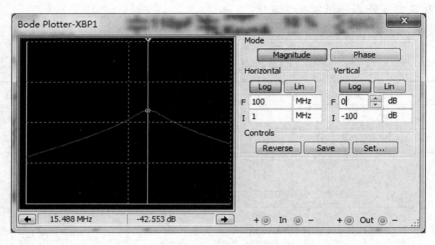

图 5.8   电路调谐

表 5.8   激励电压改变时测试表

$U_{bm}(V_P)$	1	1.5	2	2.5	3	3.5
$U_O(V_{p-p})$						
$I_C(mA)$						

5. 研究电源电压对工作状态的影响

在激励电压获得最大不失真输出电压的情况下,保证输入信号频率不变,激励电压不变,改变电源电压。通过观察最后的输出波形(见图 5.9),以及发射极电压波形(见图 5.10),获取最合适的电源电压。数值填入表 5.9。

表 5.9   电源电压改变时测试表

$V_{CC}(V)$	2	3	4	5	6	7
$U_O(V_{p-p})$						
$I_C(mA)$						

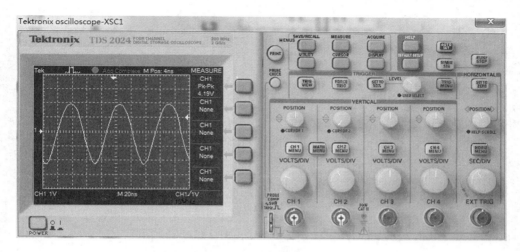

图5.9　输出电压波形

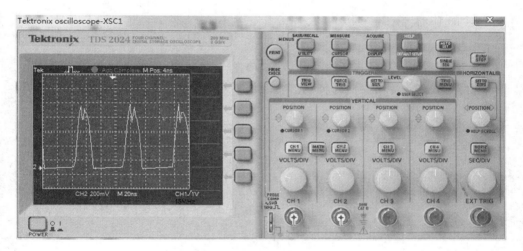

图5.10　发射极电压波形

6.放大器效率计算

在保证最合适激励电压及电源电压的情况下,测试输出的电压幅度,以及电源电流大小。以计算最后的功率放大器效率 $\eta =$ 。

5.3　高频正弦波振荡器仿真实验

5.3.1　实验目的

1.熟悉电容三点式电路、晶体振荡电路的特点、结构及工作原理。

2.了解克拉泼电路与西勒电路的区别与联系。

3.比较电容三点式电路、晶体振荡电路的频率稳定度的优劣。

5.3.2　实验内容及要求

1.电容三点式电路仿真设计指标:$f_0 = 6$ MHz;频率稳定度$\dfrac{\Delta f}{f_0}$优于10^{-3};振荡幅度 $U_o \geqslant 200$ mV_{p-p}。

2.晶体振荡电路仿真设计指标:频率稳定度$\dfrac{\Delta f}{f_0}$优于10^{-3};振荡幅度$U_o \geqslant 200$ mV_{p-p}。

3.使用频率计进行振荡电路的短期频率稳定度的测试与比较。

4.通过示波器观察振荡输出波形,比较哪种振荡电路得到的波形更近似正弦波。

5.3.3　实验步骤

1.创建实验电路

从元件库中选择使用的元件,选中元件后,双击元件进行元件的参数修改,修改完成后,在元件引脚边双击进行元件的电路连接,放置测试仪器。得到如图5.11的克拉泼振荡电路,器件及仪器所属库如表5.10所示。

表5.10　元件库表

元器件及仪器	数量	库
电阻	4	RESISTOR
电感	1	INDUCTOR
电容	5	CAPACITOR
极性电容	1	CAP_ELECTROLIT

表5.10（续）

元器件及仪器	数量	库
2N2222	1	BJT_NPN
频率计	1	Frequency counter
示波器	1	Oscilloscope

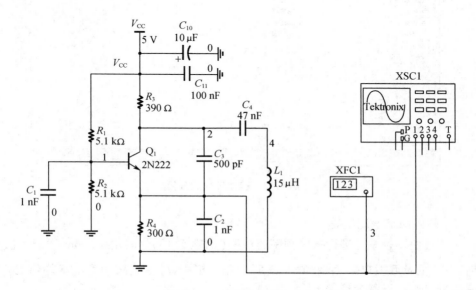

图5.11　克拉泼仿真电路

2.静态工作点测试。

通过测试静态工作点（如图5.12）来确定三极管的工作状态。数据填入表5.11。

表5.11　静态工作点测试

实测		实测计算		判断是否在放大区		原因
V_B	V_E	I_C	V_{CE}	是	否	

注:放大区满足 $V_{BEQ} = V_{BQ} - V_{EQ} \approx 0.6\ V \sim 0.7\ V$, $V_{CEQ} = V_{CQ} - V_{EQ}$ 应该大于 1 V 且小于电源电压。

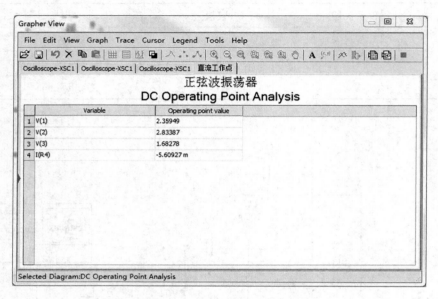

图 5.12　静态工作点分析

3 频率稳定度测试

通过使用频率计进行振荡频率的观测（如表 5.13），每间隔 5 min 记录一次数据，一共记录五组数据，结果填入表 5.12。表格中，$\bar{f_0}$ 为五次频率的平均值；Δf 为偏移量；f 则表示频率稳定度。

表 5.12　频率稳定度测试

	f_{01}	f_{02}	f_{03}	f_{04}	f_{05}				
f_0									
$\bar{f_0}$									
Δf									
f									

（5）西勒电路分析。

在克拉泼电路的基础上改变电路，使其变为如图 5.14 所示的西勒振荡电路，器件及仪器所属库如表 5.13 所示。

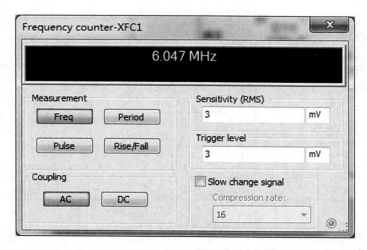

图 5.13　瞬时频率测试

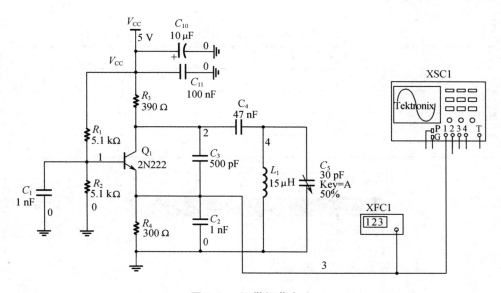

图 5.14　西勒振荡电路

表 5.13 元件库表

元器件及仪器	数量	库
电阻	4	RESISTOR
电感	1	INDUCTOR
电容	6	CAPACITOR
极性电容	1	CAP_ELECTROLIT
2N2222	1	BJT_NPN
频率计	1	Frequency counter
示波器	1	Oscilloscope

(7)频率稳定度测试

通过使用频率计进行振荡频率的观测(如图 5.15),每间隔 5 min 记录一次数据,一共记录五组数据,结果填入表 5.14。表格中,$\bar{f_0}$ 为五次频率的平均值;Δf 为偏移量;f 则表示频率稳定度。

表 5.14 频率稳定度测试

	f_{01}	f_{02}	f_{03}	f_{04}	f_{05}				
f_0									
$\bar{f_0}$									
Δf									
f									

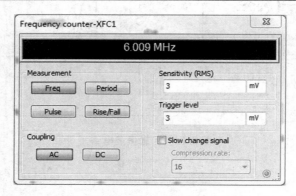

图 5.15 瞬时频率测试

（8）晶体振荡电路分析。

考虑到晶体本身的取值问题，采用 7 MHz 的晶体，具体电路如图 5.16 所示，器件及仪器所属库如表 5.15 所示。

表 5.15　元件库表

元器件及仪器	数量	库	
电阻	4	RESISTOR	
晶体	1	CRYSTAL	
电容	4	CAPACITOR	
极性电容	1	CAP_ELECTROLIT	
2N2222	1	BJT_NPN	
频率计	1	Frequency counter	
示波器	1	Oscilloscope	

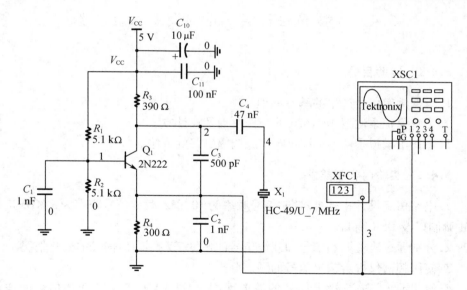

图 5.16　晶体振荡电路

(10)频率稳定度测试

通过使用频率计进行振荡频率的观测,每间隔 5 min 记录一次数据,一共记录五组数据,结果填入表 5.16。表格中,$\bar{f_0}$ 为五次频率的平均值;Δf 为偏移量;f 则表示频率稳定度。

表 5.16　频率稳定度测试

	f_{01}	f_{02}	f_{03}	f_{04}	f_{05}				
f_0									
$\bar{f_0}$									
Δf									
f									

5.4　模拟乘法器实现振幅调制仿真实验

5.4.1　实验目的

1. 掌握调幅信号产生的基本原理。
2. 了解模拟乘法器 MC1496 的工作原理及设计方法。
3. 掌握用模拟乘法器 MC1496 构成调幅电路的方法。

5.4.2　实验内容及要求

1. 电路仿真设计指标:以调制信号频率为 10 kHz,载波信号频率为 5 MHz 进行 AM 调制以及 DSB 调制。
2. 分别通过改变调制信号和载波信号的幅度来观测输出信号的变化情况。
3. 使用频谱仪进行输出信号的频谱分析。
4. 使用示波器进行输出信号的波形观测。对比 AM 信号与 DSB 信号的波形差异。

5.4.3　实验步骤

1. 创建实验电路。
首先构建 MC1496 的内部电路,如图 5.17 所示,然后生成模块电路。以此模块电路构建 AM 信号调制电路,如图 5.18 所示,器件及仪器所属库如表 5.17 所示。

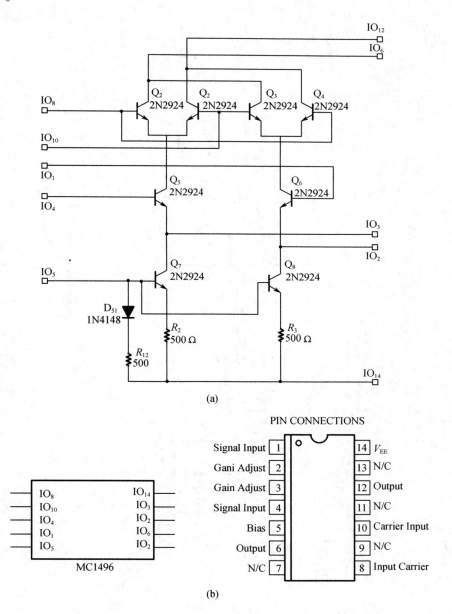

(a)

PIN CONNECTIONS

(b)

图 5.17　MC1496 内部电路

(a) MC1496 内部电路;(b)MC1496 生成模块

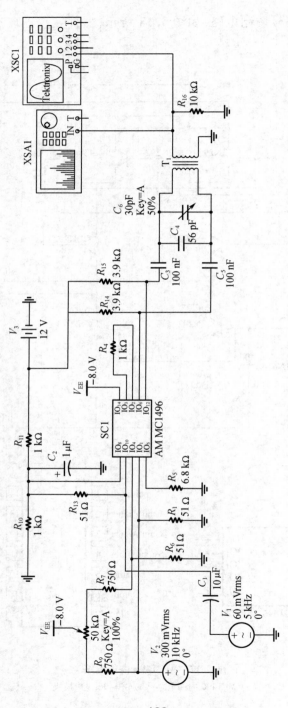

图 5.18 AM调制信号电路

表 5.17 元件库表

元器件及仪器	数量	库
电阻	12	RESISTOR
滑动变阻器	1	POTENTIOMETER
变压器	1	TRANSFORMER
可调电容	1	VARIABLR_CAPACITOR
极性电容	2	CAP_ELETROLIT
电容	3	CAPACITOR
MC1496	1	
信号源	2	POWER_SOURCES
频谱仪	1	Spectrum analyzer
示波器	1	Oscilloscope

2. AM 调幅电路仿真分析。

(1)改变 R_8 的值的大小,观察已调信号波形变化情况,填入表 5.18 中。

表 5.18 调制指数表

R_8	0	10%	25%	50%	75%	100%
已调波形变化						

(2)保持载波信号大小不变,增加调制信号的幅度 V_5,观测已调波形及频谱变化情况。填入表 5.19。

表 5.19 调制信号幅度表

V_5(mV$_{(pK)}$)	10	60	100	200	300	400	500
已调波形变化							

(3)保持调制信号大小不变,增加载波信号的幅度 V_2,观测已调波形(见图 5.19),将频谱变化情况填入表 5.20。

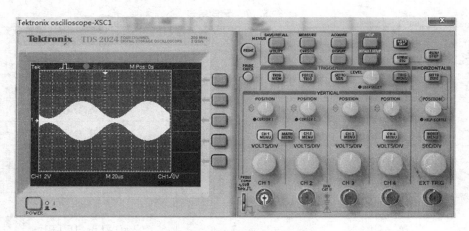

图 5.19　AM 调制输出波形

表 5.20　载波信号幅度表

V_2	300	500	700	800	1 000	1 500	2 000
已调波形变化							

（4）试着改变图 5.18 中其他元件参数，观察已调信号变化情况。

3. 在原有基础上对电路进行改变，使其变为 DSB 调制电路，得到如图 5.20 的结果，器件及仪器所属库如表 5.21 所示。

表 5.21　元件库表

元器件及仪器	数量	库
电阻	12	RESISTOR
滑动变阻器	1	POTENTIOMETER
极性电容	2	CAP_ELETROLIT
电容	4	CAPACITOR
MC1496	1	
信号源	2	POWER_SOURCES
频谱仪	1	Spectrum analyzer
示波器	1	Oscilloscope

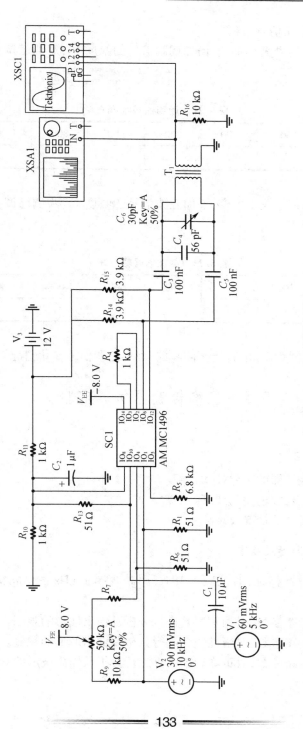

图 5.20 DSB调制电路

4. DSB 调幅电路仿真分析

(1)保持载波信号大小不变,增加调制信号的幅度 V_7,观测已调波形及频谱变化情况。填入表 5.22。

表 5.22　调制信号幅度表

V_7(mV$_{pK}$)	60	100	200	500	800	1 000	2 000
已调波形变化							

(2)保持调制信号大小不变,增加载波信号的幅度 V_4,观测已调波形及频谱变化情况。填入表 5.23。

表 5.23　载波信号幅度表

V_4(mV$_{pK}$)	300	500	700	800	1 000	1 500	2 000
已调波形变化							

(3)试着改变图 5.20 中其他元件参数,观察已调信号变化情况。

5.5　包络检波器仿真实验

5.5.1　实验目的

1. 掌握包络检波器的主要技术指标。
2. 掌握二极管检波电路的原理。
3. 了解检波失真的情况及现象。

5.5.2　实验内容及要求

1. 电路仿真设计指标:对载频 1 MHz、调制频率 1 kHz 的 AM 信号进行包络检波。
2. 通过改变电路参数,对频率失真进行分析及输出波形的观测。
3. 通过改变电路参数,对惰性失真进行分析及输出波形的观测。
4. 通过改变电路参数,对负峰切割失真进行分析及输出波形的观测。

5.5.3　实验步骤

1.绘制电路图

从元件库中选择使用的元件,选中元件后,双击元件进行元件的参数修改,修改完成后,在元件引脚边双击进行元件的电路连接,放置测试仪器,得到如图5.21的电路,器件及仪器所属库如表5.24所示。示波器测量波形如图5.22所示。

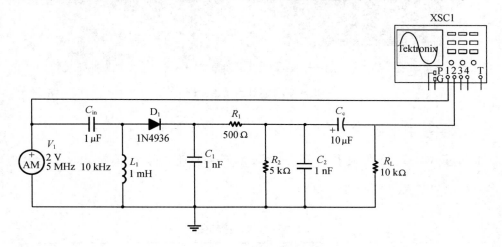

图5.21　示波器测量波形

表5.24　元件库表

元器件及仪器	数量	库
电阻	3	RESISTOR
电容	3	CAPACITOR
极性电容	1	CAP_ELECTROLIT
电感	1	Inductor
二极管 1N4936	1	DIODE
信号源	1	SIGNAL_VOLTAGE_SOURCES
频率计	1	Frequency counter
示波器	1	Oscilloscope

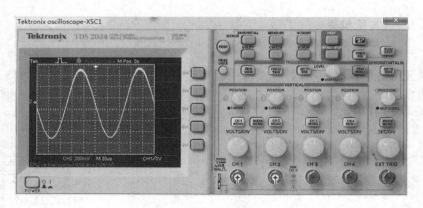

图 5.22　示波器测量波形

2. 频率失真观测。

通过增加 C_2 的值,使得 $\dfrac{1}{2\pi C_2 \times R_2} \gg \Omega_{\max}$ 的条件不再保证,观测此时的输出波形。结果记录入表 5.25 中。

表 5.25　频率失真测试

C_2	0.01 μF	0.02 μF	0.04 μF	0.06 μF	0.08 μF	0.1 μF
输出波形						

通过改变 C_2,使得其对调制信号起到旁路作用,引起频率失真,得到如图 5.23 所示的结果。

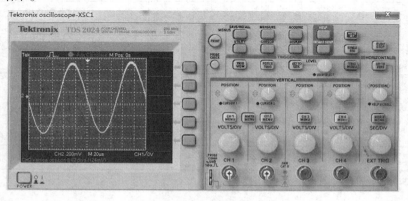

图 5.23　频率失真波形

3. 惰性失真观测

通过改变 $C_2 = 10$ nF，改变调幅指数 m_a 的大小，使得 $2\pi \times f_0 \times R_2 \times C_2 \leqslant \dfrac{\sqrt{(1 - + m_a^2)}}{m_a}$ 不再成立。将观测到的结果，填入表 5.26 中。

表 5.26 惰性失真测试

m_a	0.4	0.6	0.8	0.9	1
输出波形					

通过改变调幅指数 m_a 的大小，可以观察到输出电压的变化规律不能反映输入电压的变化规律（效果不大明显）。即惰性失真现象，结果如图 5.24 所示。

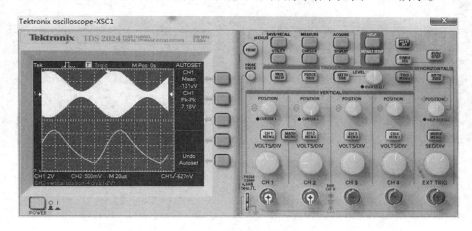

图 5.24 惰性失真波形

4. 负峰切割失真观测

$C_2 = 10$ nF，保持 $m_a = 1$，通过改变负载电阻 R_L 的取值，使得电路不再满足 $m_a \leqslant \dfrac{R_L}{R_1 + R_2 + R_L}$，将观测的结果填入表 5.21 中。负峰切割输出波形如图 5.25 所示。

当输入调幅信号的幅值的最小值附近的电压小于二极管的开启电压时，二极管截止，使得输出波形的底部被切割。经过反向放大器的处理后，变为顶部截止。输出波形如图 5.24 所示。

表 5.27　负峰切割失真测试

R_5	1 kΩ	2 kΩ	3 kΩ	4 kΩ	100 kΩ
R_1	8 kΩ	16 kΩ	24 kΩ	32 kΩ	800 kΩ
R_3	1 kΩ	2 kΩ	3 kΩ	4 kΩ	100 kΩ
输出波形					

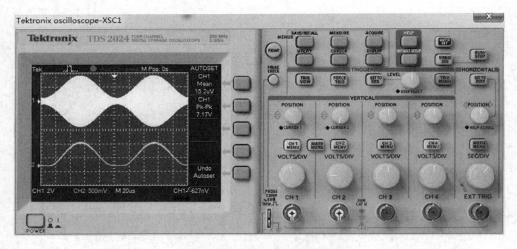

图 5.25　负峰切割失真波形

5.6　变容二极管实现频率调制仿真实验

5.6.1　实验目的

1. 了解变容二极管的基本特性。
2. 掌握变容二极管实现频率调制的原理。

5.6.2　实验内容及要求

1. 电路仿真设计指标：振荡中心频率 $f_0 = 12$ MHz；调制信号满足频率 $f_1 = 100$ kHz；振幅为 1 V_{rms}。
2. 采用变容二极管进行调制信号的直接调频。

3. 使用频率计进行振荡电路的频率稳定度测试。
4. 使用示波器进行输出信号的波形观测。

5.6.3　实验步骤

1. 搭建仿真电路

从元件库中选择使用的元件,选中元件后,双击元件进行元件的参数修改,修改完成后,在元件引脚边双击进行元件的电路连接,放置测试仪器。得到如图 5.26 所示的电路,器件及仪器所属库如表 5.28 所示。

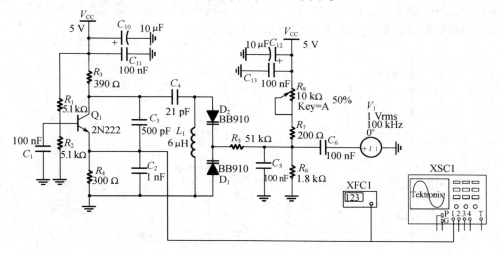

图 5.26　变容二极管调频仿真电路

表 5.28　元件库表

元器件及仪器	数量	库
电阻	6	RESISTOR
滑动变阻器	1	POTENTIOMETER
电感	1	INDUCTOR
电容	8	CAPACITOR
极性电容	2	CAP_ELECTROLIT
2N2222	1	BJT_NPN
BB910	2	VARACTOR
信号源	1	POWER_SOURCES

表 5.28（续）

元器件及仪器	数量	库
频率计	1	Frequency counter
示波器	1	Oscilloscope

2. 频率稳定度测试

断开调制信号输入得到如图 5.27 所示的电路,通过使用频率计进行振荡频率的观测,每间隔 5 min 记录一次数据,一共记录五组数据,结果填入表 5.29,$\bar{f}_0$ 为五次频率的平均值;Δf 为偏移量;f 则表示频率稳定度。

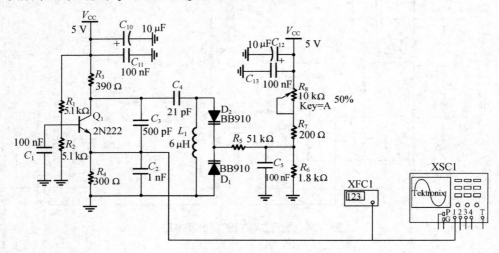

图 5.27 振荡电路

表 5.29 频率稳定度测试

	f_{01}	f_{02}	f_{03}	f_{04}	f_{05}
f_0					
$\bar{f}_0$					
Δf					
f					

3. 输出波形观测

按照图 5.26 的电路进行仿真,通过示波器进行观察输出的信号波形,得到如图 5.28 所示的输出结果。

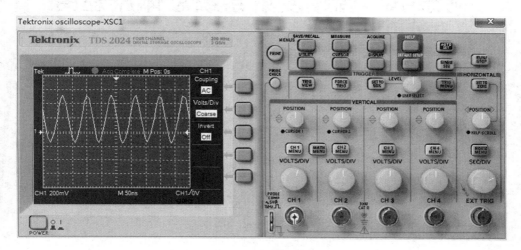

图 5.28 示波器输出波形

附录 A 调幅发射系统总体原理图

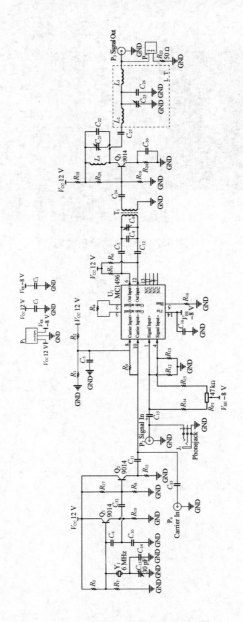

附录 B　调幅接收系统总体原理图

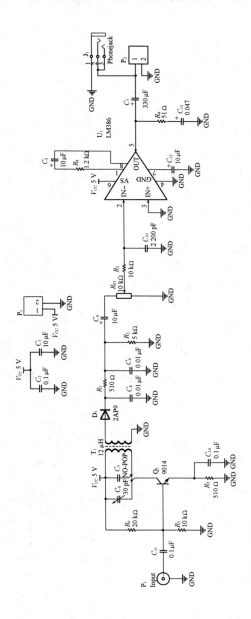

附录 C 调频发射系统总体原理图

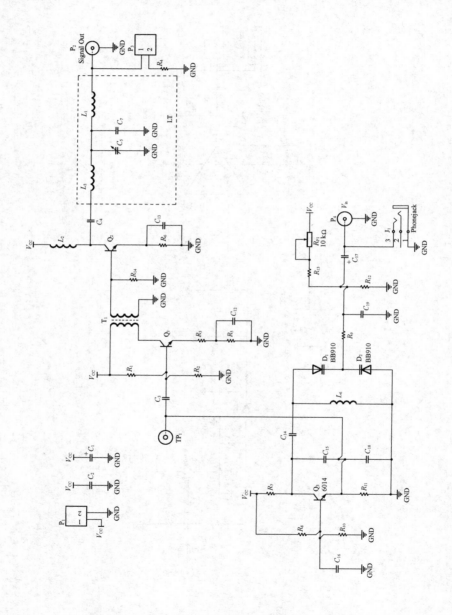

附录 D 调频接收系统总体原理图

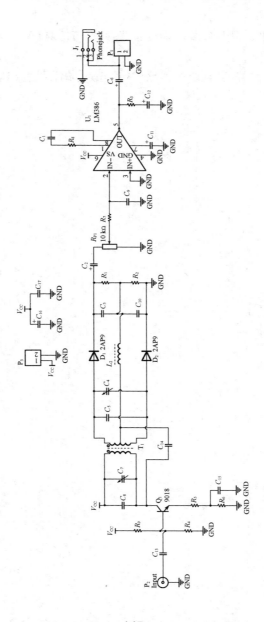

参 考 文 献

[1] 胡宴如,吴正平,胡旭峰. 高频电子线路实验与仿真[M]. 北京:高等教育出版社,2009.
[2] 阳昌汉,谢红,宫芳. 高频电子线路[M]. 北京:高等教育出版社,2006.